高职高专"十三五"规划教材

机械设计基础实训教程

主　编　罗玉福　戴有华
副主编　崔　勇　罗　恺　孟　政

北京航空航天大学出版社

内 容 简 介

本书是根据机械设计基础课程教学基本要求编写的,内容包括机械设计课程设计实训指导、课程设计示例、机械设计的常用标准规范和其他设计资料、减速器实验等。

本书可供高职高专机械类、机电类、汽车类等相关专业学习机械设计基础课程及课程设计使用,也可供有关工程技术人员参考。

本书与罗玉福、翟旭军主编的《机械设计基础》(书号:978-7-5124-1756-4)配套使用。

图书在版编目(CIP)数据

机械设计基础实训教程 / 罗玉福,戴有华主编. --
北京:北京航空航天大学出版社,2015.8
 ISBN 978-7-5124-1826-4

Ⅰ.①机… Ⅱ.①罗… ②戴… Ⅲ.①机械设计—教材 Ⅳ.①TH122

中国版本图书馆 CIP 数据核字(2015)第 156192 号

版权所有,侵权必究。

机械设计基础实训教程
主 编 罗玉福 戴有华
副主编 崔 勇 罗 恺 孟 政
责任编辑 董 瑞
*
北京航空航天大学出版社出版发行

北京市海淀区学院路 37 号(邮编 100191) http://www.buaapress.com.cn
发行部电话:(010)82317024 传真:(010)82328026
读者信箱:goodtextbook@126.com 邮购电话:(010)82316936
北京时代华都印刷有限公司印装 各地书店经销
*
开本:787×1 092 1/16 印张:12 字数:307 千字
2016 年 8 月第 1 版 2016 年 8 月第 1 次印刷 印数:2 000 册
ISBN 978-7-5124-1826-4 定价:25.00 元

若本书有倒页、脱页、缺页等印装质量问题,请与本社发行部联系调换。联系电话:(010)82317024

前　　言

　　《机械设计基础实训教程》是根据高职高专及成人高校机械设计基础课程教学基本要求，结合当前教学改革的经验，总结各校的使用意见编写而成的，与罗玉福和翟旭军主编的《机械设计基础》(书号：978-7-5124-1756-4)配套使用，亦可与其他《机械设计基础》教材配套使用。

　　本教材是一本指导课程设计实训的教材。本书内容丰富，既有课程设计实训指导的内容，又有机械设计的常用标准、规范及其他设计资料，还有减速器实验的内容。

　　为便于学生使用，强化学生创新意识与能力的培养，突出应用型人才培养的教学特点，本书以设计实训为主线，注重基本设计能力的培养，编写力求简明实用，通俗易懂，循序渐进，图文并茂。本书是以齿轮减速器为例介绍机械设计的全过程，注意培养学生的结构设计能力。本教材采用了现行的标准、最新的技术规范和设计资料。考虑到一般学校都是同时开设公差配合与测量技术课程与机械设计课程，因此常用标准和规范部分未编入公差配合与测量技术的相关内容。

　　本教材可供高职高专及成人高校机械类、机电类、汽车类等相关专业机械设计基础课程设计使用，也可供有关工程技术人员参考。

　　由于各校、各专业的情况不同，教学安排也不同，在使用本教材进行教学时，教师可依据实际情况对教材内容进行合理取舍。

　　本教材由大连海洋大学应用技术学院罗玉福和江苏农林职业技术学院戴有华任主编，江苏农牧科技职业学院崔勇、沈阳装备制造工程学校罗恺、大连海洋大学应用技术学院孟政任副主编。具体编写分工如下：罗玉福编写第1、3章；戴有华编写第2、4章；崔勇编写第5章；罗恺编写第6、8、9章；孟政编写第7、11章；罗恺、孟政共同编写第10章。全书由罗玉福负责统稿。

　　由于编者水平有限，加之时间仓促，书中的错误或不妥之处，敬请读者批评指正。

编　者
2015年5月

目 录

第 1 章 机械设计基础课程设计实训概述 ·· 1
   1.1 机械设计基础课程设计的目的 ·· 1
   1.2 课程设计的内容及任务 ·· 1
   1.3 课程设计的步骤 ··· 1
   1.4 课程设计应注意的问题 ·· 2

第 2 章 机械传动系统的总体设计 ·· 4
   2.1 传动方案的分析和拟定 ·· 4
   2.2 选择电动机 ··· 6
      2.2.1 选择电动机的类型和结构形式 ·· 6
      2.2.2 选择电动机的功率 ··· 6
      2.2.3 确定电动机的转速 ··· 8
   2.3 计算传动装置的总传动比及分配各级传动比 ··································· 8
      2.3.1 计算传动装置总传动比 ··· 8
      2.3.2 分配各级传动比的注意事项 ··· 8
   2.4 传动装置的运动和动力参数计算 ·· 9
      2.4.1 各轴的功率 ·· 10
      2.4.2 各轴的转速 ·· 10
      2.4.3 各轴的转矩 ·· 10
   2.5 机械传动系统的总体设计示例 ··· 10

第 3 章 传动零件的设计 ··· 14
   3.1 减速器外传动件的设计 ··· 14
      3.1.1 开式齿轮传动 ··· 14
      3.1.2 V 带传动 ··· 14
      3.1.3 滚子链传动 ·· 15
   3.2 减速器箱内传动件的设计 ·· 15
      3.2.1 圆柱齿轮传动 ··· 15
      3.2.2 圆锥齿轮传动 ··· 16
      3.2.3 蜗杆传动 ··· 16
   3.3 初选轴的最小直径 ··· 16
   3.4 联轴器的选择 ··· 17

第4章 减速器的结构 ... 19

4.1 减速器的主要形式、特点及应用 ... 19
4.2 减速器的箱体结构设计 ... 21
4.2.1 减速器箱体结构方案 ... 21
4.2.2 减速器箱体的结构尺寸 ... 24
4.2.3 减速器箱体结构设计的注意点 ... 26
4.3 减速器的附件设计 ... 30
4.3.1 窥视孔和视孔盖 ... 30
4.3.2 通气器 ... 30
4.3.3 油 标 ... 31
4.3.4 定位销 ... 31
4.3.5 起盖螺钉 ... 32
4.3.6 起吊装置 ... 32
4.3.7 放油孔及螺塞 ... 33
4.3.8 轴承端盖 ... 34
4.4 减速器的润滑和密封 ... 34
4.4.1 传动件的润滑 ... 35
4.4.2 滚动轴承的润滑 ... 36
4.4.3 减速器的密封 ... 37
4.5 减速器装配图参考图例 ... 41
4.6 减速器零件图参考图例 ... 43

第5章 减速器装配工作图设计 ... 48

5.1 装配草图设计的准备 ... 48
5.2 装配草图的设计 ... 48
5.2.1 装配草图设计的第一阶段 ... 48
5.2.2 轴系零件校核计算 ... 53
5.2.3 装配草图设计的第二阶段 ... 53
5.3 装配草图的检查与修改 ... 55
5.4 完成装配工作图 ... 56

第6章 减速器零件工作图的设计 ... 60

6.1 零件工作图的设计要点 ... 60
6.1.1 零件工作图的设计要求 ... 60
6.1.2 零件工作图的设计要点 ... 60
6.2 轴类零件工作图的设计 ... 61
6.3 齿轮类零件工作图的设计 ... 63
6.4 箱体类零件工作图的设计 ... 65

第 7 章　编写设计计算说明书及答辩 ······································· 67

7.1　设计计算说明书的内容 ··· 67
7.2　对设计计算说明书的要求 ·· 67
7.3　整理技术文件 ··· 68
7.4　课程设计的总结与答辩 ··· 69

第 8 章　课程设计示例 ·· 70

8.1　课程设计计算说明书 ··· 70
　　8.1.1　设计计算说明书封面 ·· 70
　　8.1.2　课程设计任务书 ··· 71
　　8.1.3　设计计算说明书目录示例 ··· 72
　　8.1.4　设计计算说明书正文示例 ··· 72
8.2　减速器装配图 ··· 80
8.3　减速器零件图 ··· 82
　　8.3.1　低速轴零件图示例 ··· 82
　　8.3.2　大齿轮零件图示例 ··· 83

第 9 章　课程设计任务书与成绩评定 ·· 84

9.1　课程设计任务书 ··· 84
　　9.1.1　机械设计基础课程设计任务书Ⅰ ·· 84
　　9.1.2　机械设计基础课程设计任务书Ⅱ ·· 85
　　9.1.3　机械设计基础课程设计任务书Ⅲ ·· 86
　　9.1.4　机械设计基础课程设计任务书Ⅳ ·· 87
　　9.1.5　机械设计基础课程设计任务书Ⅴ ·· 88
9.2　课程设计成绩评定 ·· 89

第 10 章　机械设计常用标准和规范 ·· 91

10.1　标准代号 ·· 91
10.2　常用机械传动的效率及传动比 ··· 92
10.3　标准尺寸 ·· 92
10.4　机械制图 ·· 94
10.5　圆柱形轴伸 ·· 96
10.6　中心孔 ··· 96
10.7　砂轮越程槽 ·· 98
10.8　零件圆角与倒角 ·· 99
10.9　常用金属材料 ··· 99
10.10　常用润滑剂 ·· 107
10.11　铸件设计一般规范 ·· 109

10.12　过渡配合及过盈配合的嵌入倒角 ································ 111
10.13　机器轴高 ·· 112
10.14　轴肩和轴环尺寸(参考) ······································· 113
10.15　锥度与锥角 ·· 113
10.16　螺纹及螺纹连接件 ··· 114
10.17　轴系零件的紧固件 ··· 129
10.18　销及键 ··· 134
10.19　密封件 ··· 140
10.20　滚动轴承 ··· 143
10.21　滚动轴承座 ·· 159
10.22　联轴器 ··· 161
10.23　电动机 ··· 168
10.24　减速器附件 ·· 173

第 11 章　减速器拆装及结构分析实验 ···························· 178

11.1　减速器拆装及结构分析实验指导 ···························· 178
11.2　减速器拆装及结构分析实验报告 ···························· 179

参考文献 ··· 182

第1章 机械设计基础课程设计实训概述

1.1 机械设计基础课程设计的目的

机械设计基础课程设计实训(下简称为课程设计)是机械设计基础课程的一个非常重要的教学环节。课程设计是在学习机械设计基础课程后进行的一项较为全面的综合性设计训练,主要目的如下:

① 通过课程设计实训,培养学生综合运用本门课程及其他有关先修课程的知识去分析和解决工程实际问题的能力。

② 使学生掌握一般的机械设计方法与步骤,为以后学习专业课程及进行工程设计打下必要的基础。

③ 学会运用设计资料(手册、图册等),了解有关标准、规范等,进行机械设计基本技能的实训。

1.2 课程设计的内容及任务

为达到课程设计的目的,通常选择一般用途的机械传动装置设计作为课程设计的题目,例如带式输送机传动装置中的齿轮减速器设计的内容及任务如下:

1. 课程设计的内容

课程设计的主要内容包括以下几方面:

① 根据设计任务书确定传动装置的总体设计方案。
② 选择电动机,计算传动装置的运动和动力参数。
③ 进行传动件的设计计算,结构设计,校核轴、轴承、联轴器、键等,确定润滑和密封方式。
④ 绘制减速器装配图及典型零件图。
⑤ 编写设计计算说明书。

2. 课程设计的任务

本课程设计要求每个学生都应完成以下工作任务:

① 绘制减速器装配图 1 张(A1 或 A0 幅面图纸);
② 零件工作图 1~2 张(齿轮、轴或箱体,A2 或 A3 幅面图纸);
③ 设计计算说明书 1 份,约 6 000~8 000 字。

1.3 课程设计的步骤

机械设计基础课程设计一般在 2~3 周内完成。课程设计应遵循机械设计的一般规律,通常按以下步骤进行:根据设计任务书,分析或确定传动方案,进行必要的计算和结构设计,最后以图纸和设计说明书表达设计结果和设计依据。以最常见的带式输送机传动装置中的齿轮减速器设计题目(详见本书 9.1.1 机械设计基础课程设计任务书Ⅰ)为例,若设计时间为 2 周,通常设计步骤、内容及时间安排可参照表 1-1 进行。

表 1-1 课程设计的步骤、内容及时间安排

	步骤		主要设计内容	时间/天
第 1 阶段	1	设计准备	① 熟悉设计任务书,明确设计内容和要求; ② 进行减速器拆装实验或观看实物、模型、相关录像等; ③ 熟悉设计指导书,准备好设计需要的资料和用具	2
	2	传动装置总体设计	① 确定传动方案; ② 计算电动机转速和功率,选择电动机的型号; ③ 计算传动装置的总传动比,并分配各级传动比; ④ 计算各轴的转速、功率和转矩	
	3	传动件设计计算	① 设计减速器外的传动件,如设计带传动或链传动等; ② 设计减速器内传动件,如设计齿轮传动,计算速度允差; ③ 初步计算轴的直径; ④ 选择联轴器	
第 2 阶段	4	装配草图设计	① 确定减速器的结构方案; ② 绘制装配草图(一般画在方格纸上); ③ 校核轴的强度,计算轴承寿命,校核键连接的强度; ④ 绘制箱体、箱盖及设计减速器附件	3 天
第 3 阶段	5	绘制装配工作图	① 图面布置; ② 画规范的视图; ③ 选择并标注必要的尺寸和配合; ④ 标注零件的序号,编写明细表; ⑤ 编写传动装置的特性表、技术要求及标题栏	2.5
	6	绘制零件工作图	绘制轴、齿轮、箱体或箱盖的零件图(由指导教师指定)	1
	7	编写设计计算说明书	① 编写设计计算说明书,内容包括所有的计算,并附有必要的受力简图; ② 写出设计总结,包括完成任务情况、收获体会及经验教训	1
	8	答辩	① 答辩准备,按自述时间(约 3~5 分钟)写出自述稿,内容包括所做设计的主要优点,设计中遇到的问题及解决方法等; ② 参加答辩	0.5

注:由于设计题目及各校的实际情况不同,加之设计步骤也不是一成不变的,所以上表所列仅是建议性的,可根据具体情况对设计进度酌情做出调整。

1.4 课程设计应注意的问题

① 机械设计基础课程设计是在教师指导下,学生进行的第一次比较全面的综合性设计训

练。为了保证课程设计顺利进行，通常将整个设计过程划分为几个阶段，在每个阶段开始前，指导教师都会进行该阶段的任务安排，讲解设计方法、步骤、要点及注意事项等。在平时的设计过程中，指导教师每天都会到设计室进行个别或集体辅导，解决疑难问题。

② 在设计过程中，学生必须明确设计任务，并独立完成。遇到问题后首先要独立思考，养成自我分析和自我审查的设计习惯，锻炼独立工作的能力。如碰到解决不了的问题，同学之间可以互相研究，必要时请教师指点，解决问题。学生应在教师的指导下制订设计计划，并按计划保质保量地完成任务。课程设计要求学生每天的有效工作时间不少于6～8小时。如果完不成任务，学生应自行增加工作时间。

③ 充分利用已有的设计资料，既可避免许多重复工作，加快设计进程，也是提高设计质量的重要保证。但在设计时切不可盲目照搬照抄资料，而应根据设计任务的要求和具体工作条件，合理地吸收技术成果，进行创造性的设计。

④ 装配图设计，尤其是装配草图设计是整个课程设计中的关键部分。在设计过程中，由于有些结构尺寸是需要先画图才能最终确定的，所以切忌使用把全部尺寸都计算敲定后再去画图的办法。应采用计算和设计绘图互为依据，交替进行的办法，即"边计算、边画图、边修改"的"三边"设计方法。要保证画在图上的每一条线都有依据。画图首先要保证正确，其次才是图面干净，有错误必须要改正。

⑤ 要正确使用标准和规范。设计中采用标准和规范，有利于零件的互换性和加工工艺，可以降低生产成本，并可节省设计时间。因此，设计时要严格遵守和执行标准及规范。如标准件（螺栓、螺母、滚动轴承等）的尺寸参数必须符合标准的规定；非标准件尺寸参数有标准的（如V带的长度、齿轮的模数等），应执行标准，若无标准则应尽量圆整成标准尺寸数列或选用优先数列（如轴的各段直径的选取），以方便制造和测量。

⑥ 图纸应符合机械制图标准规定。说明书则要求计算正确，内容完备，书写规范。

第 2 章　机械传动系统的总体设计

机械传动系统总体设计的任务是拟定传动方案,选择电动机,确定总传动比并合理分配各级传动比,计算传动装置的运动和动力参数,为设计各级传动零件、绘制装配草图提供条件。

2.1　传动方案的分析和拟定

机器通常由原动机、传动系统和执行机构三部分组成。传动系统位于原动机和执行机构之间,用来传递运动和动力,并可用以改变转速、转矩的大小或改变运动形式,以适应执行机构功能要求。传动系统的设计对整台机器的性能、尺寸、重量和成本都有很大影响,因此应当合理地拟定传动方案。

传动方案一般用运动简图表示。拟定传动方案就是根据执行机构的功能要求和工作条件,选择合适的传动机构类型,确定各类传动机构的布置顺序及各组成部分的连接方式,绘出传动系统的运动简图。实现执行机构预定的运动是拟定传动方案的最基本要求,但满足此要求可以有不同的机构类型、不同的顺序和布局,以及在保证总传动比相同的前提下分配各级传动机构以不同的分传动比来实现等多种方案,这就需要将各种传动方案加以分析和比较,针对具体情况择优选定。

合理的传动方案除应满足执行机构的功能要求、适应工作条件、工作可靠外,还应使结构简单、尺寸紧凑、加工方便、成本低廉、传动效率高和使用维护方便等。例如,图 2-1 所示为皮带输送机的四种传动方案,现分析比较如下:方案(a)的结构紧凑,但在长期连续运转的条件下,由于蜗杆的传动效率低,其功率损失较大;方案(b)的宽度尺寸较方案(c)小,但锥齿轮的加工比圆柱齿轮困难;方案(d)的宽度和长度尺寸都比较大,且带传动不适应繁重的工作条件和恶劣的环境,但带传动有过载保护的优点,还可以缓和冲击和振动,因此这种方案也得到广泛应用。这四种方案虽然都能满足带式运输机的要求,但结构尺寸、性能指标、经济性等都不完全相同,要根据具体的工作要求选择较好的传动方案。

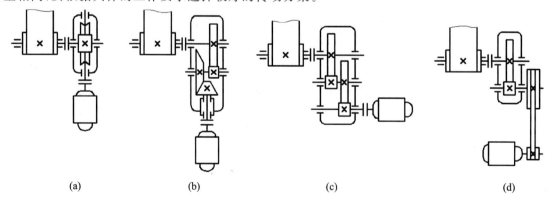

图 2-1　皮带输送机的四种传动方案

拟定一个合理的传动方案，除了应综合考虑执行机构的载荷、运动及机器的其他要求外，还应熟悉各种传动机构的特点，以便选择一个合适的传动机构。下面几点内容供选择传动机构时参考：

① 带传动承载能力较低，在传递相同转矩时，结构尺寸较其他形式大，但传动平稳，能缓冲吸振，适宜布置在传动系统的高速级，以降低传递的转矩，减小带传动的结构尺寸。

② 链传动传动运转不均匀，有冲击，适宜布置在传动系统的低速级。

③ 斜齿轮传动较直齿轮传动平稳，相对来说，适宜布置在传动系统的高速级。

④ 锥齿轮的加工比较困难，尤其是大模数的锥齿轮，因而，一般适宜布置在传动系统的高速级，以减小其直径和模数。

⑤ 蜗杆传动大多用于传动比大而功率不大的情况下，其承载能力较齿轮传动低，适宜布置在传动的高速级，以获得较小的结构尺寸。

⑥ 开式传动因工作环境差，润滑条件不好，磨损较为严重，一般应布置在传动系统的低速级。

⑦ 一般情况下，总是将改变运动形式的机构（如连杆机构、凸轮机构等）布置在传动系统的末端。

常用传动机构的主要性能及适用范围如表 2－1 所列。

表 2－1　常用传动机构的主要性能及适用范围

性能指标		传动机构						
		平带传动	V 带传动	圆柱摩擦轮传动	链传动	齿轮传动		蜗杆传动
功率 P/kW（常用值）		小（≤20）	中（≤100）	小（≤20）	中（≤100）	大（最大达 50 000）		小（≤100）
单级传动比	常用值	2～4	2～4	2～4	2～5	圆柱 3～5	圆锥 2～3	10～40
	最大值	5	7	5	6	8	5	80
传动效率		中	中	中	中	高		低
许用线速度 v/(m·s^{-1})		≤25	≤25～30	≤15～25	≤20～40	6 级精度直齿≤18 非直齿≤36 5 级精度达 100		滑动速度 v_s≤15～35
外廓尺寸		大	大	大	大	小		小
传动精度		低	低	低	中等	高		高
工作平稳性		好	好	好	差	一般		好
自锁能力		无	无	无	无	无		可有
过载保护		有	有	有	无	无		无
使用寿命		短	短	短	中等	长		中等
缓冲吸振能力		好	好	好	一般	差		差
要求制造及安装精度		低	低	中等	中等	高		高
要求润滑条件		不需	不需	一般不需	中等	高		高
环境适应性		不能接触酸、碱、油类和爆炸性气体		一般	好	一般		一般

2.2 选择电动机

电动机是最常见的原动机,已经标准化、系列化。在选择电动机时,要根据执行机构的工作特性、工作环境、工作载荷情况合理选择电动机的类型、功率和转速,并在产品目录中查出其型号和尺寸。

2.2.1 选择电动机的类型和结构形式

电动机的类型和结构形式应根据电源种类(交流或直流)、工作条件(环境、温度、空间位置等)、载荷大小和性质(变化性质、过载情况等)、启动性能和启动特性、过载情况等条件来选择。由于一般生产单位均用三相电源,故无特殊要求时都采用三相交流电动机,尤其以三相异步电动机应用最多,常用 Y 系列自扇冷式笼型异步电动机,由于其结构简单、工作可靠、价格低廉、维护方便,因此广泛应用于不易燃易爆、无腐蚀性气体和无特殊要求的机械上,如金属切削机床、运输机、风机、搅拌机等。经常启动、制动和正反转的场合,如起重、提升设备,要求电动机具有较小的转动惯量和较大的过载能力,因此,应选用冶金及起重用三相异步电动机,常用 YZ 型(鼠笼式)或 YZR 型(绕线式)。电动机结构有开启式、防护式、封闭式和防爆式等,可根据防护要求选择。

2.2.2 选择电动机的功率

电动机功率的选择直接影响电动机的工作性能和经济性能。如果所选电动机的功率小于工作要求,则不能保证执行机构的正常工作,使电动机因经常过载而提早损坏;如果所选电动机的功率过大,则电动机经常不能满载运行,功率因数和效率较低,从而增加电能消耗、造成浪费。因此,在设计中一定要选择合适的电动机功率。

电动机的功率主要由电动机运行时的发热条件限定,在不变或变化很小的载荷下长期连续运行的机械只要所选电动机的额定功率 P_0 等于或稍大于所需的电动机工作功率 P_d 即可,即 $P_0 \geqslant P_d$,这样选择的电动机就能安全工作,不会过热,通常就不必校验电动机的发热和启动转矩。

所需电动机的输出工作功率为

$$P_d = \frac{P_w}{\eta}$$

式中,P_w——执行机构所需的输入功率,kW;η——电动机至执行机构之间传动系统的总效率。

执行机构的功率根据工作阻力和速度确定,即

$$P_w = \frac{F_w V_w}{1\,000\,\eta_w}$$

或

$$P_w = \frac{T_w n_w}{9\,550\,\eta_w}$$

式中,F_w——工作装置的阻力,N;V_w——工作装置的线速度,m/s;η_w——工作装置的效率;T_w——工作装置的转矩,N·m;n_w——工作装置的转速,r/min。

由电动机至执行机构的传动系统的总效率 η 为

$$\eta = \eta_1 \eta_2 \eta_3 \cdots \eta_n$$

式中，$\eta_1,\eta_2,\eta_3,\cdots,\eta_n$ 分别为传动装置中各传动副（齿轮、蜗杆、带或链）、轴承、联轴器的效率，其概略值可按表 2-2 选取。由此可知，应初选联轴器、轴承类型及齿轮精度等级，以便确定各部分的效率。

表 2-2 机械传动和摩擦副的效率概略值

种类		效率 η	种类		效率 η
圆柱齿轮传动	很好跑合的 6 级精度和 7 级精度齿轮传动（油润滑）	0.98～0.99	锥齿轮传动	很好跑合的 6 级精度和 7 级精度齿轮传动（油润滑）	0.97～0.98
	8 级精度的一般齿轮传动（油润滑）	0.97		8 级精度的一般齿轮传动（油润滑）	0.94～0.97
	9 级精度齿轮传动（油润滑）	0.96		切削齿的开式齿轮传动（脂润滑）	0.92～0.95
	切削齿的开式齿轮传动（脂润滑）	0.94～0.96		铸造齿的开式齿轮传动	0.88～0.92
	铸造齿的开式齿轮传动	0.93～0.99	联轴器	弹性联轴器	0.99～0.995
蜗杆传动	自锁蜗杆（油润滑）	0.40～0.45		万向联轴器（$\alpha\leqslant 3°$）	0.97～0.98
	单头蜗杆（油润滑）	0.70～0.75		万向联轴器（$\alpha>3°$）	0.95～0.97
	双头蜗杆（油润滑）	0.75～0.82	滑动轴承	润滑不良	0.94（一对）
	三头和四头蜗杆（油润滑）	0.80～0.92		润滑正常	0.97（一对）
	环面蜗杆传动（油润滑）	0.85～0.95		压力润滑	0.98（一对）
带传动	平带无压紧轮的开式传动	0.98		液体摩擦	0.99（一对）
	平带有压紧轮的开式传动	0.97	滚动轴承	球轴承（稀油润滑）	0.99（一对）
	平带交叉传动	0.90		滚子轴承（稀油润滑）	0.98（一对）
	V 带传动	0.96			
链传动	焊接式	0.93	卷筒	挠性缠绕	0.96
	片式关节链	0.95	减速器	单级圆柱齿轮减速器	0.97～0.98
	滚子链	0.96		双级圆柱齿轮减速器	0.95～0.96
	齿形链	0.97		行星圆柱齿轮减速器	0.95～0.98
复滑轮组	滑动轴承（$i=2\sim 6$）	0.90～0.98		单级锥齿轮减速器	0.95～0.95
	滚动轴承（$i=2\sim 6$）	0.95～0.99		双级圆锥-圆柱齿轮减速器	0.94～0.95
摩擦传动	平摩擦轮传动	0.85～0.92		无级变速器	0.92～0.95
	槽摩擦轮传动	0.88～0.90		摆线-针轮减速器	0.90～0.97
	卷绳轮	0.95	丝杆传动	滑动丝杆	0.30～0.60
联轴器	十字滑块联轴器	0.97～0.99		滚动丝杆	0.85～0.95
	齿式联轴器	0.99			

计算传动装置的总效率时需注意以下几点：

① 表中数值是效率的范围，情况不明确时可取中间值；如果工作条件差、加工精度低、维护不良时，应取低值，反之取高值。

② 同类型的几对传动副、轴承或联轴器，均应单独计入总效率。

③ 轴承效率均指一对轴承的效率。

④ 蜗杆传动的效率与蜗杆的头数及材料有关，设计时应初选头数并估计效率，待设计出蜗杆的传动参数后，再最后确定效率，并核验电动机的所需功率。

2.2.3 确定电动机的转速

同一类型、相同额定功率的电动机,有多种同步转速可供选用。三相电动机有四种常用的同步转速,即 3 000 r/min、1 500 r/min、1 000 r/min、750 r/min。电动机的转速越高,则磁极越少,尺寸及重量越小,价格也越低;但电动机的转速较高,将引起传动系统的尺寸和重量增加,使成本增加。因此,应全面分析比较其利弊来选定电动机转速,一般情况下,选用 1 000 r/min、1 500 r/min 比较合适。

根据执行机构转速要求和传动系统的合理传动比范围(见表 2-1),可以推算电动机转速的可选范围,即

$$n_d = (i_1 i_2 \cdots i_n) n_W$$

式中,n_d——电动机可选转速范围,r/min;$i_1, i_2, \cdots, i_n$——各级传动机构的合理传动比范围;n_W——执行机构滚筒的转速,r/min。

由选定的电动机类型、结构、功率和转速查出电动机型号,并记录其型号、额定功率、满载转速、中心高、轴伸尺寸、键连接尺寸等数据。

在设计传动装置时,一般按实际需要电动机的工作功率 P_d 计算,转速则取满载转速 n_m。

2.3 计算传动装置的总传动比及分配各级传动比

2.3.1 计算传动装置总传动比

电动机选定以后,根据电动机的满载转速 n_m 及执行机构转速 n_W 就可以计算出传动装置的总传动比,即

$$i = \frac{n_m}{n_W}$$

由传动方案可知,传动装置的总传动比等于各级串联传动机构传动比的连乘积,即

$$i = i_1 i_2 i_3 \cdots i_n$$

式中,$i_1, i_2, i_3, \cdots, i_n$ 分别为各级串联传动机构的传动比。

2.3.2 分配各级传动比的注意事项

合理分配各级传动比是传动装置总体设计中的一个重要问题,它将直接影响传动装置的外廓尺寸、重量、润滑条件或减速器的中心距以及整个机器的工作布局等。但是,若难以同时达到上述各方面的要求,设计时应根据设计要求考虑不同的分配方案。分配各级传动比时主要考虑以下几点要求:

① 各级传动比最好在其推荐范围内选取,不允许超过最大值,以符合各种传动形式的工作特点,并使结构比较紧凑。

② 应使各级传动零件的尺寸协调、结构匀称、避免传动零件之间发生相互干涉或安装不便。例如,由带传动和一级圆柱齿轮减速器组成的传动装置中,当带传动的传动比过大时,大带轮半径会大于减速器输入轴的中心高,带轮将与底架相碰,导致安装不便,如图 2-2 所示;又如,在二级齿轮减速器中,由于高速级传动比过大,造成其大齿轮直径过大,而与低速轴相

碰，如图 2－3 所示。

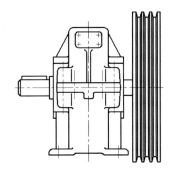

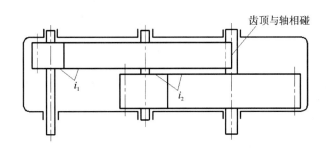

图 2－2　大带轮尺寸过大的安装情况

图 2－3　二级齿轮减速器中高速级大齿轮与低速轴相碰的情况

③ 应使各级传动装置结构紧凑、重量最小。例如，对于二级圆柱齿轮减速器（见图 2－4），在总中心距、总传动比相同时，粗实线所示方案（高速级传动比 $i_1=5$，低速级传动比 $i_2=4.1$）具有较小的外廓尺寸。

图 2－4　传动比分配对结构尺寸影响

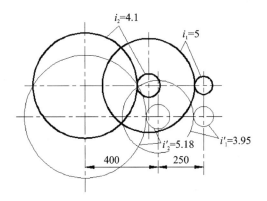

④ 在二级或多级卧式圆柱齿轮减速器中，为了便于实现浸浴润滑，应使各级大齿轮的浸油深度大致相等。例如，对于展开式二级圆柱齿轮减速器，应使两个大齿轮的直径大致相近，以保证各级齿轮传动润滑良好，为了避免传动件之间发生干涉，通常应使低速级大齿轮略大些，一般推荐高速级传动比 i_{23} 与低速级传动比 i_{12} 的关系为 $i_{23}=(1.3\sim1.4)i_{12}$。另外，齿轮材料及齿宽系数也影响齿轮尺寸大小。因此，要使高、低二级传动的大齿轮直径相近，应对传动比、齿轮材料以及齿宽系数加以综合考虑。

分配的各级传动比只是初步选定的数值，实际传动比要由所确定的传动件最终参数（如齿数、带轮直径等）准确计算。因此，执行机构主动轴的实际转速要在传动件设计计算完成后进行核算，如果不在允许的误差范围内，应重新调整传动件参数，甚至重新分配传动比。如果设计要求中未规定转速允差范围，通常传动比的误差范围不超过±（3％～5％）。

2.4　传动装置的运动和动力参数计算

传动装置的运动参数和动力参数主要是指各轴的功率、转速和转矩，这些参数为设计计算传动件、轴提供了重要依据。为了便于计算，将各轴从高速轴至低速轴依次定为Ⅰ轴、Ⅱ轴、Ⅲ轴……，电动机的轴定为 0 轴，相邻两轴间的传动比依次为 i_{01}、i_{12}、i_{23}……，相邻两轴间的传动效率依次为 η_{01}、η_{12}、η_{23}……，各轴的输入功率依次为 P_1、P_2、P_3……，各轴的输入转矩依次为 T_1、T_2、T_3……，各轴的输入转速依次为 n_1、n_2、n_3……，则可从电动机轴至执行机构输入轴的运动传递路线推算出各轴的运动和动力参数。

2.4.1 各轴的功率

各轴的功率为

$$P_1 = P_d \cdot \eta_{01}$$
$$P_2 = P_1 \cdot \eta_{12} = P_d \cdot \eta_{01} \cdot \eta_{12}$$
$$P_3 = P_2 \cdot \eta_{23} = P_d \cdot \eta_{01} \cdot \eta_{12} \cdot \eta_{23}$$
$$\vdots$$

式中,P_d——电动机的输出功率,kW。

2.4.2 各轴的转速

各轴的转速为

$$n_1 = \frac{n_m}{i_{01}}$$
$$n_2 = \frac{n_1}{i_{12}} = \frac{n_m}{i_{01} i_{12}}$$
$$n_3 = \frac{n_2}{i_{23}} = \frac{n_m}{i_{01} i_{12} i_{23}}$$
$$\vdots$$

式中,n_m——电动机的满载转速,r/min。

2.4.3 各轴的转矩

各轴的转矩为

$$T_d = 9\,550 \cdot \frac{P_d}{n_m}$$
$$T_1 = T_d \cdot i_{01} \cdot \eta_{01} = 9\,550 \cdot \frac{P_d}{n_m} \cdot i_{01} \cdot \eta_{01} = 9\,550 \frac{P_1}{n_1}$$
$$T_2 = T_1 \cdot i_{12} \cdot \eta_{12} = 9\,550 \cdot \frac{P_1}{n_1} \cdot i_{12} \cdot \eta_{12} = 9\,550 \frac{P_2}{n_2}$$
$$T_3 = T_2 \cdot i_{23} \cdot \eta_{23} = 9\,550 \cdot \frac{P_2}{n_2} \cdot i_{23} \cdot \eta_{23} = 9\,550 \frac{P_3}{n_3}$$
$$\vdots$$

式中,T_d——电动机的输出转矩,N·m。

2.5 机械传动系统的总体设计示例

【例题】 图 2-5 所示为带式输送机传动方案,已知输送带的有效拉力 $F=8\,000$ N,卷筒直径 $D=500$ mm,卷筒传动效率(不包括轴承)$\eta_{卷}=0.96$,输送带的速度 $v=0.4$ m/s,长期连续工作。试选择合适的电动机;计算传动装置的总传动比,并分配各级传动比;计算传动装置中各轴的运动和动力参数。

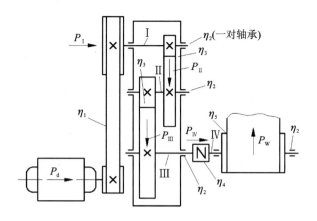

图 2-5 带式输送机

解：(1) 选择电动机类型和结构形式

按工作条件和要求，选用 Y 系列三相异步电动机，封闭式结构。

(2) 选择电动机的型号

电动机所需要的实际功率（即电动机的输出功率）P_d 为

$$P_d = P_W/\eta$$

而工作机的输出功率

$$P_W = \frac{Fv}{1\,000}$$

所以

$$P_d = \frac{Fv}{1\,000\eta}$$

即

$$\eta = \eta_1 \eta_2^4 \eta_3^2 \eta_4 \eta_5$$
$$\eta = \eta_带 \eta_承^4 \eta_齿^2 \eta_联 \eta_卷$$

式中，η_1、η_2……分别为从电动机至卷筒轴之间的各传动机构和轴承的效率。由表 2-2 查得

$$\eta_带 = 0.96,\quad \eta_承 = 0.99,\quad \eta_齿 = 0.98,\quad \eta_联 = 0.99,\quad \eta_卷 = 0.96$$

则

$$\eta = 0.96 \times 0.99^4 \times 0.98^2 \times 0.99 \times 0.96 \approx 0.84$$

$$P_d = \frac{Fv}{1\,000\eta} = \left(\frac{8\,000 \times 0.4}{1\,000 \times 0.84}\right) \text{kW} = 3.81 \text{ kW}$$

(3) 确定电动机转速

确定执行机构转速为

$$n_W = \frac{60 \times 1\,000v}{\pi D} = \left(\frac{60 \times 1\,000 \times 0.4}{\pi \times 500}\right) \text{r/min} = 15.29 \text{ r/min}$$

为了便于选择电动机转速，需要先推算出电动机转速的可选范围。V 带的传动比范围通常取为 $i_带 = 2 \sim 4$，单级圆柱齿轮传动比范围为 $i_齿 = 3 \sim 5$，则电动机转速可选择范围为

$$n'_d = i_带 \cdot i_齿^2 \cdot n_W = (2 \sim 4) \cdot (3 \sim 5)^2 \cdot n_W =$$
$$(18 \sim 100) \times 15.29 = (275 \sim 1\,529) \text{ r/min}$$

符合这一转速范围的同步转速有 750 r/min、1 000 r/min 和 1 500 r/min，根据容量和转速，可查表 10-89 得三种方案，如表 2-3 所列。

表 2-3 三种方案比较

方 案	电动机型号	额定功率 P_d/kW	电动机转速/($r \cdot min^{-1}$)		传动装置的传动比		
			同步	满载	总传动比	V带传动	齿轮传动
1	Y112M—4	4	1 500	1 440	94.18	3	31.39
2	Y132M1—6	4	1 000	960	62.79	2.8	22.42
3	Y160M1—8	4	750	720	47.09	2	23.55

由表 2-3 中数据可知三种方案均可行，但综合考虑电动机和传动装置的尺寸、结构和带传动，以及减速器的传动比，选用第 2 种方案，所以选定电动机的型号为 Y132M1—6。

(4) 计算总传动比

$$i = \frac{n_m}{n_W} = \frac{960\ r/min}{15.29\ r/min} = 62.79$$

总传动比 i 为 $$i = i_{带} \cdot i_{减} = i_{带} \cdot i_{1齿} \cdot i_{2齿}$$

同时，为使 V 带外部尺寸不要太大，初步取 $i_{带}=2.8$，这样减速器的传动比为

$$i_{减} = \frac{i}{i_{带}} = \frac{62.79}{2.8} = 22.42$$

(5) 分配减速器的各级传动比

按展开式布置，考虑润滑条件，为使两级大齿轮直径相近，取减速器中高速级齿轮传动比

$$i_{1齿} = 5$$

低速级齿轮传动比

$$i_{2齿} = \frac{i_{减}}{i_{1齿}} = \frac{22.42}{5} = 4.48$$

(6) 计算传动装置的运动和动力参数

计算各轴的转速：

Ⅰ轴 $$n_{Ⅰ} = \frac{n_m}{i_{带}} = \frac{960\ r/min}{2.8} = 342.9\ r/min$$

Ⅱ轴 $$n_{Ⅱ} = \frac{n_{Ⅰ}}{i_{1齿}} = \frac{342.9\ r/min}{5} = 68.58\ r/min$$

Ⅲ轴 $$n_{Ⅲ} = \frac{n_{Ⅱ}}{i_{2齿}} = \frac{68.58\ r/min}{4.48} = 15.31\ r/min$$

卷筒轴 $$n_{Ⅳ} = n_{Ⅲ} = 15.31\ r/min$$

计算各轴的输入功率：

Ⅰ轴 $P_{Ⅰ} = P_d \cdot \eta_{01} = P_d \cdot \eta_1 = P_d \cdot \eta_{带} = 3.81 \times 0.96 = 3.66\ kW$

Ⅱ轴 $P_{Ⅱ} = P_{Ⅰ} \cdot \eta_{12} = P_{Ⅰ} \cdot \eta_{承} \cdot \eta_{1齿} = 3.66 \times 0.99 \times 0.98 = 3.55\ kW$

Ⅲ轴 $P_{Ⅲ} = P_{Ⅱ} \cdot \eta_{23} = P_{Ⅱ} \cdot \eta_{承} \cdot \eta_{2齿} = 3.55 \times 0.99 \times 0.98 = 3.44\ kW$

卷筒轴 $P_{Ⅳ} = P_{Ⅲ} \cdot \eta_{34} = P_{Ⅲ} \cdot \eta_{承} \cdot \eta_{联} = 3.44 \times 0.99 \times 0.99 = 3.37\ kW$

计算各轴的转矩：

电动机的输出转矩为

$$T_d = 9\ 550 \frac{P_d}{n_m} = 9\ 550 \frac{3.81}{960} = 37.90\ N \cdot m$$

其他各轴的输入转矩为

Ⅰ轴 $\quad T_{\text{I}} = T_\text{d} \cdot i_0 \cdot \eta_{01} = T_\text{d} \cdot i_\text{带} \cdot \eta_\text{带} =$
$\quad\quad\quad 37.90 \times 2.8 \times 0.96 = 101.9 \text{ N} \cdot \text{m}$

Ⅱ轴 $\quad T_{\text{II}} = T_{\text{I}} \cdot i_1 \cdot \eta_{12} = T_{\text{I}} \cdot i_{1\text{齿}} \cdot \eta_\text{承} \cdot \eta_{1\text{齿}} =$
$\quad\quad\quad 101.9 \times 5 \times 0.99 \times 0.98 = 494.3 \text{ N} \cdot \text{m}$

Ⅲ轴 $\quad T_{\text{III}} = T_{\text{II}} \cdot i_2 \cdot \eta_{23} = T_{\text{II}} \cdot i_{2\text{齿}} \cdot \eta_\text{承} \cdot \eta_{2\text{齿}} =$
$\quad\quad\quad 494.3 \times 4.48 \times 0.99 \times 0.98 = 2\,148.5 \text{ N} \cdot \text{m}$

卷筒轴 $\quad T_{\text{IV}} = T_{\text{III}} \cdot \eta_{34} = T_{\text{III}} \cdot \eta_\text{承} \cdot \eta_\text{联} =$
$\quad\quad\quad 2\,148.5 \times 0.99 \times 0.99 = 2\,105.7 \text{ N} \cdot \text{m}$

整理运动和动力参数计算结果,如表 2-4 所列。

表 2-4 运动和动力参数计算结果

轴 名	功率 P/kW	转矩 T /(N·m)	转速 n /(r·min^{-1})	传动比 i	效率 η
电机轴	3.81	37.9	960	2.8	0.96
Ⅰ轴	3.66	101.9	342.9	5	0.97
Ⅱ轴	3.55	494.3	68.58	4.48	0.97
Ⅲ轴	3.44	2 148.5	15.31	1	0.98
卷筒轴	3.37	2 105.7	15.31		

第 3 章 传动零件的设计

在设计减速器装配图前,要先进行传动零件的设计计算,主要包括确定传动零件的材料、参数和主要尺寸等,并选择联轴器。

传动件包括减速器箱外传动件和箱内传动件两部分,各传动件的具体设计计算方法在机械设计基础教材或设计手册中都有详细讲述。本章仅就课程设计中传动件设计计算应注意的问题做简要的介绍。

3.1 减速器外传动件的设计

在设计的传动装置中,如果除了减速器之外还采用了开式齿轮传动、V 带传动或滚子链传动等,通常要首先设计计算这些零部件。

3.1.1 开式齿轮传动

① 开式齿轮传动常用于低速,为使支承结构简单,一般采用直齿圆柱齿轮。

② 选用材料时要注意使轮齿具有较好的减摩或耐磨性能;大齿轮材料的选用应考虑毛坯的制造方法。

③ 由于磨损是开式齿轮传动的主要失效形式,且一般不会发生疲劳点蚀,故设计时只需按弯曲强度设计。同时考虑到齿面磨损的影响,应将强度计算求得的模数加大 10%~20%。为保证齿根弯曲强度,常取小齿轮齿数 $z_1=17\sim20$。

④ 开式齿轮悬臂布置或轴的支承刚度较小时,为减轻轮齿的集中载荷,齿宽系数应取较小值。

⑤ 画出齿轮结构草图。检查齿轮尺寸与传动装置和工作机是否协调,并计算其实际传动比,考虑是否需要修改减速器的传动比要求。

3.1.2 V 带传动

① 设计依据:传动的用途及工作情况;原动机种类和所需的传动功率;主动轮和从动轮的转速;对外廓尺寸及传动位置的要求等。

② 设计带传动必须确定:带的型号、长度、根数,带传动的中心距、初拉力、张紧装置、对轴的作用力及带轮的直径、宽度、材料和结构尺寸等。一般动力传动可以忽略滑动率。

③ 在带轮尺寸确定后,应检查 V 带传动的外廓尺寸是否与传动装置的尺寸相匹配。如图 3-1所示,直接装在电动机轴上的小带轮,其外圆半径一般应小于电动机的中心高,大带轮外圆不得与其他零部件相碰,大带轮的孔径应与带轮直径尺寸相协调,以保证其装配稳定性,同时还应注意此孔径就是减速器小齿轮轴外伸段的最小轴径。如有不合适的情况,应考虑改选带轮直径,修改设计。在带轮直径确定后还应验算带传动的实际传动比和大带轮的转速。

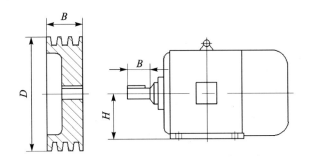

图 3-1 带轮与电动机示意图

在确定带轮尺寸时,若带轮直接装在电动机轴上,带轮轮毂孔直径及轮毂宽度应按电动机输出轴的直径和长度确定,而轮缘的宽度取决于带的型号和根数。要注意大带轮的宽度与减速器输入轴尺寸有关,带轮轮毂宽度与带轮的宽度不一定相同,一般轮毂宽度 L 按轴孔直径 d 的大小确定,常取 $L=(1.5\sim2)d$。

3.1.3 滚子链传动

① 设计滚子链传动必须确定:链的型号、链节数和排数、链节距、链轮齿数、链轮直径及结构尺寸,中心距及轴上压力。

② 当采用单排链传动而计算出的链节距过大时,可改用双排链或多排链。设计时还应考虑润滑方式、润滑剂及链轮的布置。画出链轮的结构草图,并注明主要尺寸备用。

3.2 减速器箱内传动件的设计

在减速器外部的传动零件设计完成后,再进行减速器箱内传动零件的设计计算。

3.2.1 圆柱齿轮传动

① 选择齿轮材料要考虑齿轮毛坯的制造方法。选择材料前应先估计大齿轮的直径,当齿轮的顶圆直径 $d_a \leqslant 500$ mm 时,一般采用锻造毛坯;当 $d_a > 500$ mm 时,多用铸造毛坯,如用铸铁或铸钢铸造。当齿轮的齿根圆直径和轴的直径相差不大时,可制成齿轮轴,选用材料应兼顾轴的要求。同一减速器内各级小齿轮(或大齿轮)的材料应尽可能一致,以减少材料牌号,简化工艺要求。

钢材是应用最广泛的材料。设计软齿面齿轮时,为了使大、小齿轮的寿命接近相等,常使小齿轮的齿面硬度比大齿轮的齿面硬度高出 30~50HBS。对于高速、重载的齿轮传动,可采用硬齿面齿轮组合,齿面硬度可大致相同。

② 合理选择参数。通常取小齿轮的齿数 $z_1=20\sim40$。因为当齿轮传动的中心距一定时,齿数多会使重合度增加,这既可改善传动平稳性,又能降低齿高和滑动系数,减少磨损和胶合。因此,在保证齿根弯曲强度的前提下,z_1 可大些。但对传递动力用的齿轮,其模数不得小于 1.5~2。齿轮强度计算中的齿宽 b 为接触齿宽,通常取大齿轮齿宽 $b_2=b$,而小齿轮齿宽 $b_1=b_2+(5\sim10)$ mm。齿宽应圆整为整数。

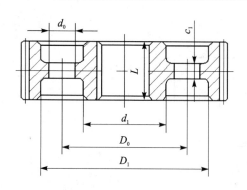

图 3-2 圆柱齿轮几何参数示意图

③ 传动件尺寸数据处理。模数必须标准化。若采用斜齿轮或变位齿轮传动,中心距尾数应圆整;若采用标准直齿轮传动,中心距不得圆整。齿轮分度圆直径、齿顶圆直径等长度尺寸必须精确计算到小数点后三位数值。斜齿轮螺旋角 β 的数值必须精确计算到"秒"。齿轮结构尺寸,如轮缘内径 D_1、轮辐厚度 c_1、轮毂直径 d_1 和长度 L(见图 3-2)等应尽量圆整,以便制造和测量。

④ 各级大、小齿轮的几何尺寸和参数的计算结果应及时整理列表,同时画出结构图,以备设计装配图时应用。

3.2.2 圆锥齿轮传动

圆锥齿轮传动的设计除参考圆柱齿轮传动的各点外,还应注意以下几点:

① 两轴交角为 90°时,在确定了大、小齿轮的齿数后,就可计算出分度圆锥的锥顶角 δ_1 和 δ_2,其数值应精确计算到"秒",注意不能圆整。直齿圆锥齿轮的锥距 R 也不要圆整,应按模数和齿数精确计算到小数点后三位数值。

② 直齿圆锥齿轮的齿宽按齿宽系数 $\varphi_R = b/R$ 求得,并进行圆整,且大小齿轮宽度应相等。

3.2.3 蜗杆传动

① 蜗杆副材料应具有较好的减摩性、耐磨性和跑合性能,其选择和滑动速度有关。一般是按照输入转速和蜗杆估计直径初步估算滑动速度,并在此基础上选择材料,待参数计算确定后再验算滑动速度及传动效率,如与初步估计有较大出入,应重新修正计算。

② 为了便于加工,蜗杆和蜗轮的螺旋线方向多用右旋。当蜗杆分度圆的圆周速度小于 4~5 m/s 时,蜗杆一般下置,否则可将其上置。

③ 画出装配草图,然后进行热平衡计算及蜗杆刚度验算。

3.3 初选轴的最小直径

在进行轴的结构设计之前,要初步确定轴的最小直径。一般按照轴所受的转矩初步计算轴的最小直径 d,计算公式为

$$d = A \sqrt[3]{\frac{P}{n}} \quad \text{mm}$$

式中,A——由轴的材料和承载情况确定的常数,如表 3-1 所列;P——轴所传递的功率,kW;n——轴的转速,r/min。

表 3-1 常用材料的 A 值

轴的材料	Q235A,20	35	45	40Cr,35SiMn
A	135~160	118~135	107~118	98~107

当该直径处有键槽时，应将计算值加大 3%～5%，并要考虑与有关零件的相互关系，经过圆整后，将其作为轴的最细处直径。此直径一般为轴的外伸段直径，如减速器高速轴外伸段上安装带轮处的直径。

当轴的伸出端通过联轴器与电动机或卷筒等相连接时，轴端直径必须满足联轴器的孔径要求。

3.4　联轴器的选择

联轴器的类型较多，绝大多数均已标准化或规格化。常用的刚性联轴器为凸缘联轴器，其结构简单，装拆方便，可用于低速、刚性大的传动轴。一般的非金属弹性元件联轴器有弹性套柱销联轴器、弹性柱销联轴器、梅花形弹性联轴器等，它们具有良好的综合能力，广泛适用于一般的中、小功率传动。

选择联轴器应主要考虑所需传递轴转速的高低、载荷的大小、被联接两部件的安装精度、回转的平稳性、价格等。在满足使用性能的前提下，应选用装拆方便、维护简单、成本低的联轴器。可参考各类联轴器的特性，先确定联轴器的类型，然后再按转矩、轴径和转速选择联轴器的具体尺寸。

选择或校核联轴器时，应考虑机器启动时惯性力及过载等的影响，按最大转矩（或功率）进行选择和校核。设计时通常按计算转矩进行选择和校核。计算转矩的公式为

$$T_c = KT$$

式中，T——公称转矩，N・m；K——工作情况系数，如表 3-2 所列。

表 3-2　工作情况系数

原动机	工 作 机	K
电动机	带式输送机、鼓风机、连续运动的金属切削机床	1.25～1.5
	链式输送机、刮板输送机、螺旋输送机、离心式泵、木工机床	1.5～2.0
	往复运动的金属切削机床	1.5～2.5
	往复式泵、往复式压缩机、球磨机、破碎机、冲剪机、锤	2.0～3.0
	起重机、升降机、轧钢机、压延机	3.0～4.0
涡轮机	发电机、离心泵、鼓风机	1.2～1.5
往复式发动机	发电机	1.5～2.0
	离心泵	3～4
	往复式工作机，如压缩机、泵	4～5

注：固定式、刚性可移动式联轴器选用较大 K 值；弹性联轴器选用较小 K 值；嵌合式离合器 K＝2～3；摩擦式离合器 K＝1.2～1.5；安全联轴器 K＝1.25。

求得计算转矩之后，根据计算转矩 T_c 值，在联轴器的标准系列中选择相接近的公称转矩 T_n，并应同时满足转矩 $T_n \geqslant T_c$，转速 $n \leqslant [n]$，确定联轴器的型号。

初步选定的连轴器连接尺寸，即轴孔直径 d 和轴孔长度 L，应符合主、从动端轴径的要求，否则还要根据轴径 d 调整联轴器的规格。主、从动端轴径不相同是常见的现象，当转矩、转速相同，主、从动端轴径不相同时，应按大轴径选择联轴器型号。轴孔型式应符合 GB/T 3852—

2008 中的规定,推荐采用 J_1 型轴孔型式,用得较多的是 A 型键(平键单键槽),轴孔长度应按联轴器产品标准的规定。

【例 3-1】 某带式运输机用的减速器低速轴通过联轴器与卷筒轴相连。所传递的功率 $P=3.3$ kW,轴的转速 $n=75$ r/min,轴的材料为 45 钢。试确定该轴的最小直径,并选择联轴器。

解:(1) 初定轴的最小直径

查表 3-1,取 $A=110$,则计算最小直径为

$$d = A\sqrt[3]{\frac{P}{n}} = 110\sqrt[3]{\frac{3.3}{75}} \text{ mm} = 38.83 \text{ mm}$$

考虑到该轴段处要安装联轴器,会有键槽存在,故将计算直径加 5%,得 40.77 mm,圆整后取最小直径为 $d=42$ mm。

(2) 选择联轴器

根据传动装置的工作条件,拟选用弹性柱销联轴器,联轴器传递的名义转矩为

$$T = 9\,550P/n = 9\,550 \times 3.3/75 = 420.2 \text{ N} \cdot \text{m}$$

查表 3-2,取工作情况系数 $K=1.4$,则计算转矩为

$$T_c = KT = 1.4 \times 420.2 = 588.28 \text{ N} \cdot \text{m}$$

根据计算转矩,查表 10-85 选取 LH3 型弹性柱销联轴器,其 T_c($T_c=588.28$ N·m)<T_n($T_n=630$ N·m),n($n=75$ r/min)<$[n]$($[n]=5\,000$ r/min)。轴孔直径 $d=30\sim48$ mm,符合初定轴的最小直径 $d=42$ mm 要求。故 LH3 联轴器可用。最后确定与减速器低速轴相配的半联轴器轴孔为 J_1 型,其长度 $L_1=84$ mm,A 型键槽。另一半联轴器的轴孔需要根据滚筒轴的结构确定。

第 4 章 减速器的结构

减速器是在原动机和执行机构之间独立的机械传动装置,主要用来降低转速、增大转矩。常用的减速器已有系列标准,即标准减速器,并由专业厂家生产。一般情况下应尽量选用标准减速器,但在生产实际中,有时还需设计非标准减速器。

4.1 减速器的主要形式、特点及应用

根据传动零件的形式,减速器可分为齿轮减速器、蜗杆减速器、蜗杆-齿轮减速器;根据齿轮的形状不同,可分为圆柱齿轮减速器、圆锥齿轮减速器;根据传动的级数不同,可分为一级减速器、二级减速器、多级减速器;根据传动的结构形式不同,可分为展开式减速器、同轴式减速器和分流式减速器。常用的减速器形式及特点如表 4-1 所列。

表 4-1 常用减速器的形式、特点及应用

类 型		图 例	传动比	特点及应用
圆柱齿轮减速器	单级圆柱齿轮减速器	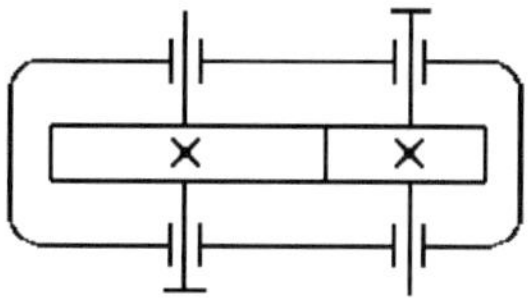	$i \leqslant 8 \sim 10$	轮齿可做成直齿、斜齿和人字齿。直齿轮用于速度较低($v \leqslant 8$ m/s)载荷较轻的传动;斜齿轮用于速度较高的传动;人字齿轮用于载荷较重的传动
	展开式二级圆柱齿轮减速器	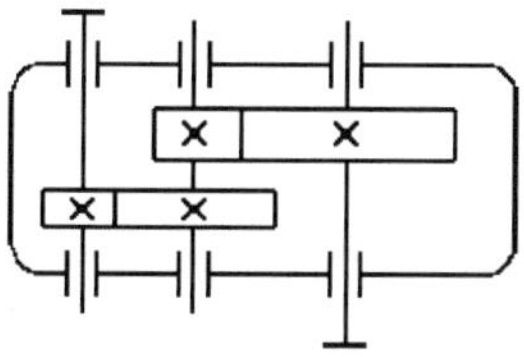	$i = i_1 i_2$ $i = 8 \sim 60$	结构简单,但齿轮相对于轴承的位置不对称,因此要求轴有较大的刚度。高速级齿轮布置在远离转矩输入端,这样轴在转矩作用下产生的扭矩变形和载荷作用下轴产生的弯曲变形可部分地相互抵消,以减缓沿齿宽分布不均匀的现象。用于载荷比较平衡的场合
	分流式二级圆柱齿轮减速器	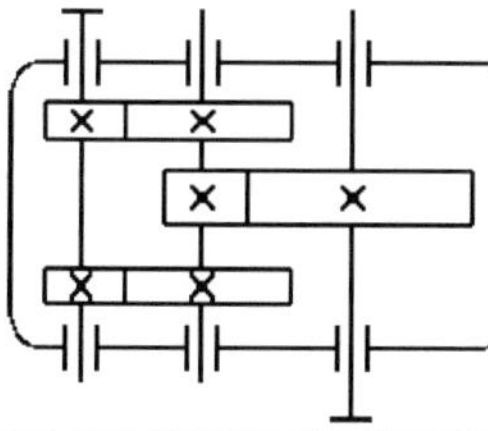	$i = i_1 i_2$ $i = 8 \sim 60$	结构复杂,由于齿轮相对于轴承对称布置,与展开式相比载荷沿齿宽分布均匀、轴承受载较均匀。中间轴危险截面上的转矩只相当于轴所传递转矩的一半。适用于变载荷场合
	同轴式二级圆柱齿轮减速器	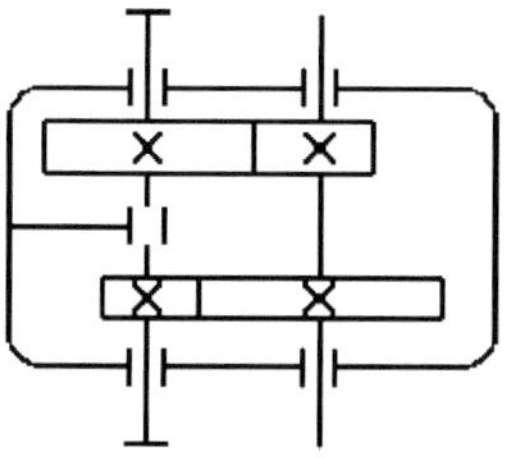	$i = i_1 i_2$ $i = 8 \sim 60$	减速器横向尺寸较小,两对齿轮浸入油中深度大致相同。但轴向尺寸和重量较大,且中间轴较长,刚度差,沿齿宽载荷分布不均匀,高速轴的承载能力难以充分利用

续表 4-1

类型		图例	传动比	特点及应用
圆柱齿轮减速器	三级圆柱齿轮减速器	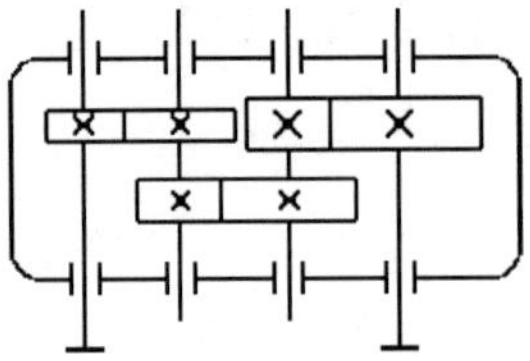	$i=i_1 i_2 i_3$ $i=40\sim400$	同两级展开式
圆锥齿轮减速器	单级圆锥齿轮减速器	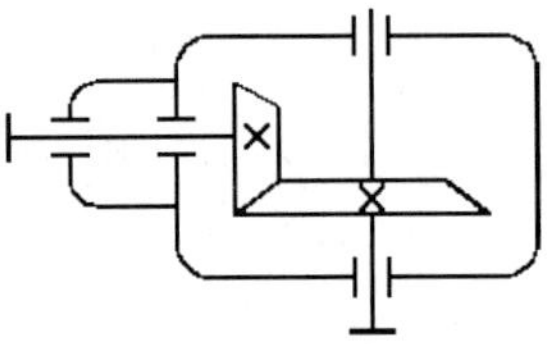	$i=8\sim10$	轮齿可做成直齿（常用）、斜齿或曲线齿。用于两轴垂直相交的传动中，也可用于两轴垂直相错的传动中。由于制造安装复杂、成本高，所以仅在传动布置需要时才采用
	二级圆锥-圆柱齿轮减速器	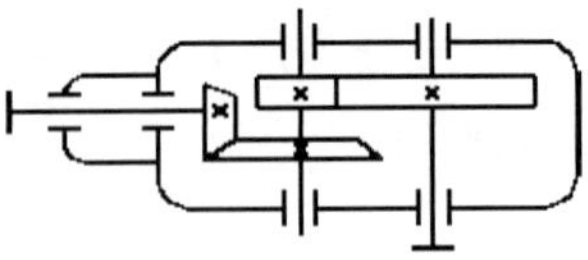	$i=i_1 i_2$ 直齿锥齿轮 $i=8\sim22$ 斜齿或曲线齿锥齿轮 $i=8\sim40$	特点同单级圆锥齿轮减速器，圆锥齿轮在高速级，以使圆锥齿轮尺寸不致太大，否则加工困难
	三级圆锥-圆柱齿轮减速器	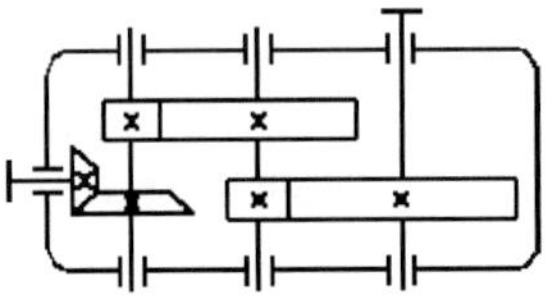	$i=i_1 i_2 i_3$ $i=25\sim75$	同二级圆锥-圆柱齿轮减速器
一级蜗杆减速器	蜗杆下置式	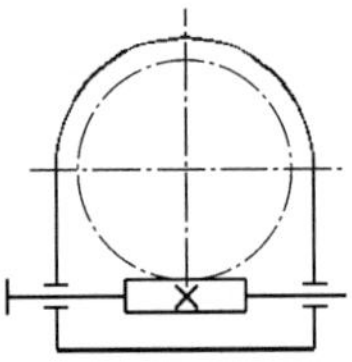	$i=10\sim80$	蜗杆在蜗轮下方啮合处的冷却和润滑都比较好，蜗杆轴承润滑也方便，但当蜗杆圆周速度高时，搅油损失大，一般用于蜗杆圆周速度 $v<10$ m/s 的场合
	蜗杆上置式	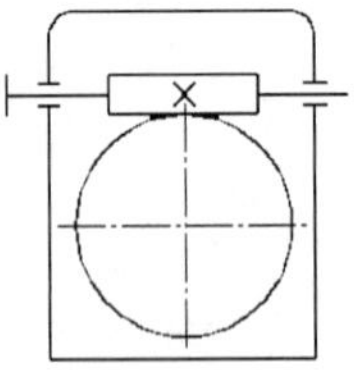	$i=10\sim80$	蜗杆在蜗轮上方，蜗杆的圆周速度可高些，但蜗杆轴承润滑不太方便
	蜗杆侧置式	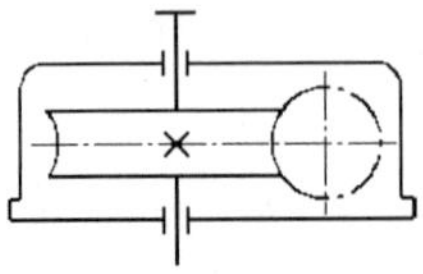	$i=10\sim80$	蜗杆在蜗轮侧面，蜗轮轴垂直布置，一般用于水平旋转机构的转动

续表 4-1

类　型	图　例	传动比	特点及应用
二级蜗杆减速器	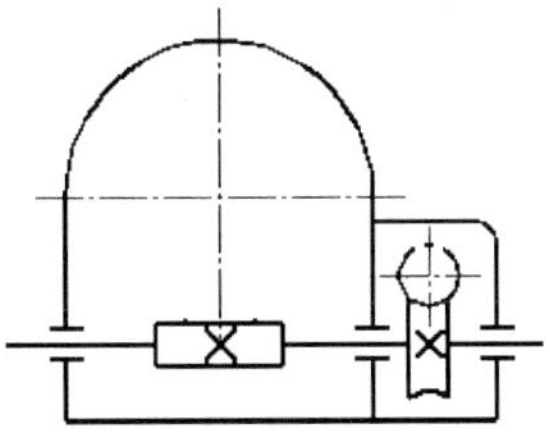	$i=i_1i_2$ $i=43\sim3\,600$	传动比大,结构紧凑,但效率低,为使高速级和低速级浸油深度大致相等,可取 $a_1\approx\dfrac{a_2}{2}$
蜗杆-齿轮减速器	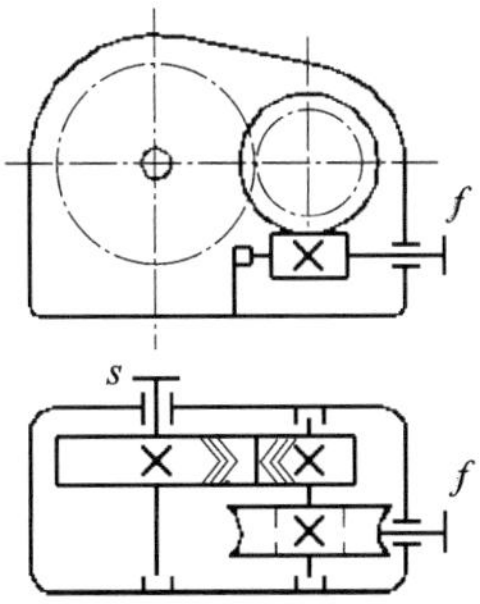	$i=50\sim130$	高速级采用蜗杆传动不但可以提高传动效率,而且也可以有效地减小减速器的噪声,但传动精度低

4.2　减速器的箱体结构设计

减速器主要由通用零部件(如传动件、支承件、连接件)、箱体及附件组成。减速器的箱体是一个十分重要的零件,其作用是保持传动件正确的相对位置,承受作用于减速器上的载荷,防止外界污物侵入,并防止内部润滑油的渗漏。

4.2.1　减速器箱体结构方案

减速器箱体按其结构形状不同分为剖分式和整体式;按制造方式的不同有铸造箱体和焊接箱体。

减速器箱体多采用剖分式结构,剖分式箱体由箱座与箱盖两部分组成,用螺栓连接起来构成一个整体,如图 4-1~图 4-4 所示。剖分面与减速器内传动件轴心线平面重合,有利于轴系部件的安装和拆卸;剖分接合面必须有一定的宽度,并且要求仔细加工;为了保证箱体的刚度,在轴承座处设有加强筋;箱体底座要有一定的宽度和厚度,以保证安装稳定性与刚度。对于小型圆锥齿轮或蜗杆减速器,为使结构紧凑、重量较小,常采用整体式箱体,其箱体零件少,机体的加工量也少,但轴系装配比较复杂,如图 4-5 所示。

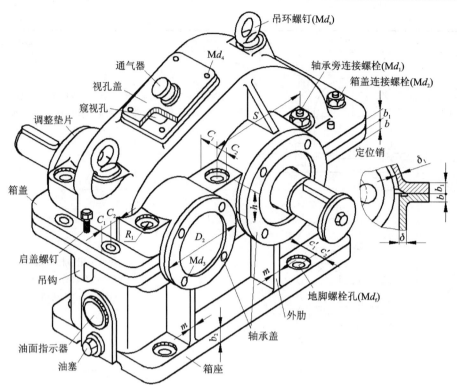

图 4-1 一级圆柱齿轮减速器

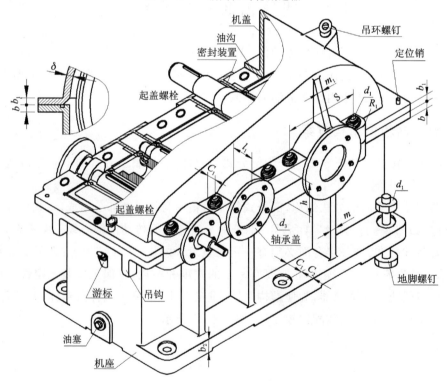

图 4-2 二级圆柱齿轮减速器

第4章 减速器的结构

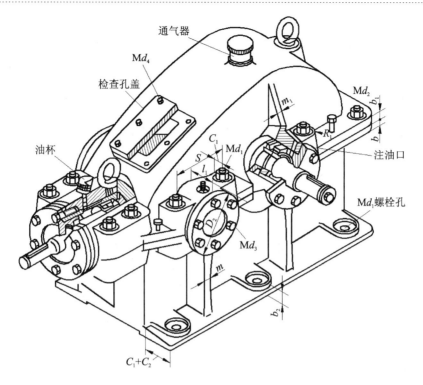

图 4-3 圆锥-圆柱齿轮减速器

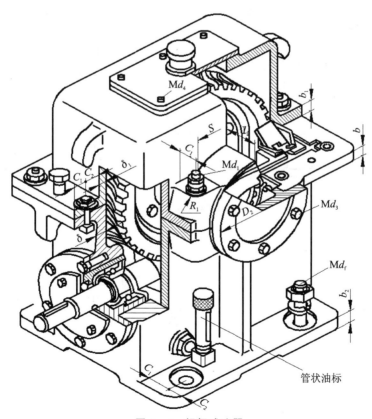

图 4-4 蜗杆减速器

铸造箱体一般用灰铸铁(HT150、HT200)制造,刚性好,易于切削加工,适用于形状复杂的箱体,多用于批量生产,如图 4-5 所示。焊接箱体是由钢板焊接而成,重量较轻,较省材料,生产周期短,但焊接时易产生变形,需要较高的焊接技术,焊接后需进行退火处理,仅适用于单件、小批量生产,如图 4-6 所示。

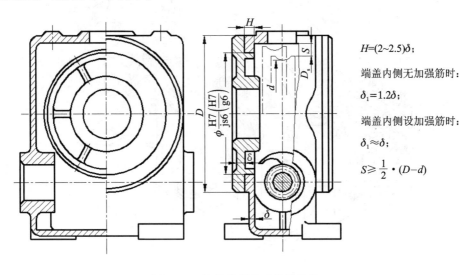

图 4-5 整体式蜗杆减速器箱体

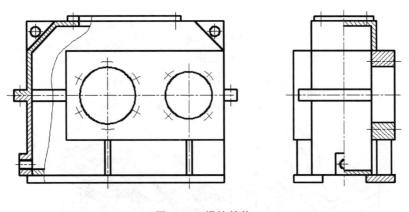

图 4-6 焊接箱体

4.2.2 减速器箱体的结构尺寸

在轴系零件及传动件的设计草图基本确定,箱体结构、毛坯制造方法也已经确定的基础上,可以全面进行箱体结构设计。箱体结构与受力均较复杂,目前尚无成熟的计算方法。所以,箱体各部分尺寸一般按经验设计公式在减速器装配草图的设计和绘制过程中确定。减速器箱体的结构尺寸见表 4-2 和图 4-1～图 4-4。

表 4－2　减速器箱体结构的推荐尺寸(代号含义参见图 4－1～图 4－4)

<table>
<tr><th rowspan="2" colspan="2">名　称</th><th rowspan="2">符　号</th><th colspan="7">减速器形式及尺寸关系 /mm</th></tr>
<tr><th colspan="2">圆柱齿轮减速器</th><th colspan="4">锥齿轮减速器</th><th>蜗杆减速器</th></tr>
<tr><td rowspan="4" colspan="2">箱座
壁厚</td><td rowspan="4">δ</td><td>一级</td><td>$0.025a+1\geqslant 8$</td><td rowspan="3" colspan="4">$0.0125(d_{1m}+d_{2m})+1\geqslant 8$
或 $0.01(d_{d1}+d_{d2})+1\geqslant 8$
d_{d1}、d_{d2}——小、大锥齿轮的大端直径
d_{1m}、d_{2m}——小、大锥齿轮的平均直径</td><td rowspan="3">$0.04a+3\geqslant 8$</td></tr>
<tr><td>二级</td><td>$0.025a+3\geqslant 8$</td></tr>
<tr><td>三级</td><td>$0.025a+5\geqslant 8$</td></tr>
<tr><td colspan="7">考虑铸造工艺，所有壁厚都不应小于 8</td></tr>
<tr><td rowspan="3" colspan="2">箱盖
壁厚</td><td rowspan="3">δ_1</td><td>一级</td><td>$0.02a+1\geqslant 8$</td><td rowspan="3" colspan="4">$0.01(d_{1m}+d_{2m})+1\geqslant 8$
或
$0.0085(d_{d1}+d_{d2})+1\geqslant 8$</td><td rowspan="3">蜗杆在上：$\approx\delta$
蜗杆在下：
$0.85\delta\geqslant 8$</td></tr>
<tr><td>二级</td><td>$0.02a+3\geqslant 8$</td></tr>
<tr><td>三级</td><td>$0.02a+5\geqslant 8$</td></tr>
<tr><td colspan="2">箱座凸缘厚度</td><td>b</td><td colspan="7">1.5δ</td></tr>
<tr><td colspan="2">箱盖凸缘厚度</td><td>b_1</td><td colspan="7">$1.5\delta_1$</td></tr>
<tr><td colspan="2">箱座底凸缘厚度</td><td>b_2</td><td colspan="7">2.5δ</td></tr>
<tr><td colspan="2">地脚螺栓直径</td><td>d_f</td><td colspan="2">$0.036a+12$</td><td colspan="4">$0.018(d_{1m}+d_{2m})+1\geqslant 12$
或
$0.015(d_{d1}+d_{d2})+1\geqslant 12$</td><td>$0.036a+12$</td></tr>
<tr><td colspan="2">地脚螺栓数目</td><td>n</td><td colspan="2">$a\leqslant 250$ 时，$n=4$
$a>250\sim500$ 时，$n=6$
$a>500$ 时，$n=8$</td><td colspan="4">$n=\dfrac{箱座底凸缘周长的一半}{200\sim300}\geqslant 4$</td><td>4</td></tr>
<tr><td colspan="2">轴承旁连接螺栓直径</td><td>d_1</td><td colspan="7">$0.75d_f$</td></tr>
<tr><td colspan="2">箱盖与箱座
连接螺栓直径</td><td>d_2</td><td colspan="7">$(0.5\sim0.6)d_f$</td></tr>
<tr><td colspan="2">连接螺栓 d_2 的间距</td><td>l</td><td colspan="7">150～200</td></tr>
<tr><td colspan="2">轴承端盖螺钉直径</td><td>d_3</td><td colspan="7">$(0.4\sim0.5)d_f$</td></tr>
<tr><td colspan="2">检查孔盖螺钉直径</td><td>d_4</td><td colspan="7">$(0.3\sim0.4)d_f$</td></tr>
<tr><td colspan="2">定位销直径</td><td>d</td><td colspan="7">$(0.7\sim0.8)d_2$</td></tr>
<tr><td rowspan="4">螺栓扳手
空间与凸
缘宽度</td><td>安装螺
栓直径</td><td>d_X</td><td>M8</td><td>M10</td><td>M12</td><td>M16</td><td>M20</td><td>M24</td><td>M30</td></tr>
<tr><td>d_f、d_1、d_2
至外箱
壁距离</td><td>$C_{1\min}$</td><td>13</td><td>16</td><td>18</td><td>22</td><td>26</td><td>34</td><td>40</td></tr>
<tr><td>d_1、d_2 至
凸缘边
距离</td><td>$C_{2\min}$</td><td>11</td><td>14</td><td>16</td><td>20</td><td>24</td><td>28</td><td>34</td></tr>
<tr><td>沉头
座直径</td><td>$D_{r\min}$</td><td>20</td><td>24</td><td>26</td><td>32</td><td>40</td><td>48</td><td>60</td></tr>
</table>

续表 4-2

名　称	符　号	减速器形式及尺寸关系 /mm		
		圆柱齿轮减速器	锥齿轮减速器	蜗杆减速器
轴承旁凸台半径	R_1	C_2		
凸台高度	h	根据 d_1 位置及低速轴轴承座外径确定，以便于扳手操作为准		
外箱盖至轴承座端面距离	l_1	$C_1+C_2+(5\sim10)$		
大齿轮顶圆（蜗轮外圆）与内箱壁距离	Δ_1	$>1.28\delta$		
齿轮（锥齿轮或蜗轮轮毂）端面与内箱壁距离	Δ_2	$>\delta$		
箱盖、箱座肋厚	m_1、m	$m_1=0.85\delta_1$，$m=0.85\delta$		
轴承端盖外径	D_2	$D+(5\sim5.5)d_3$ 对嵌入式端盖 $D_2=1.25D+10$ 其中，D——轴承外径		
轴承端盖凸缘厚度	e	$(1\sim1.2)d_3$		
轴承旁连接螺栓距离	S	尽量靠近，以 Md_1 和 Md_2 互不干涉为准，一般取 $S=D_2$		

注：表中 a 为中心距。多级转动时，a 取最大值。对于圆锥-圆柱齿轮减速器，按圆柱齿轮传动中心距取值。

4.2.3　减速器箱体结构设计的注意点

1. 箱体要有足够的刚度

箱体刚度不足，会在加工和工作过程中产生过大的变形，引起轴承座孔中心线偏斜，影响减速器的正常工作。提高箱体刚度的有效办法是增加轴承座处的壁厚和在轴承座外设加强筋，加强筋厚度通常取壁厚的 0.85 倍。箱体的加强筋结构如图 4-7 所示，其中外筋结构采用较多，若轴承座伸到箱体内部时常使用内筋。

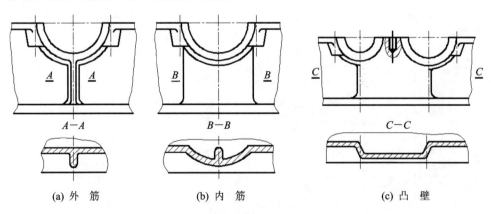

(a) 外　筋　　(b) 内　筋　　(c) 凸　壁

图 4-7　箱体的加强筋结构

对于剖分式箱体，还要保证箱盖、箱座的连接刚度。为提高轴承座处的连接刚度，座孔两侧的连接螺栓的距离应尽量缩短，但又不能与端盖螺钉干涉，故应在轴承座旁设置凸台结构，如图 4-8 所示。凸台高度 h 应以保证足够的螺母扳手空间为原则，如图 4-9 所示，有关凸台的尺寸,参见表 4-2,由画图确定。为了便于加工,在设计轴承座凸台时,其高度尽量一致,可先确定最大轴承座的凸台尺寸,而后定出其他凸台。

箱盖和箱座的连接凸缘及箱座凸缘都应取得厚些,因为它们是承载传力的重要部分,要求较高的强度和刚度。为确保箱座的刚性,箱座底部凸缘的宽度应超过箱体内壁位置,如图 4-10 所示。

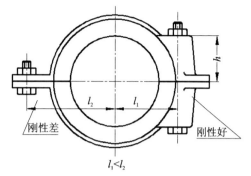

图 4-8 轴承座的连接刚性比较

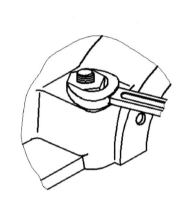

图 4-9 凸台结构

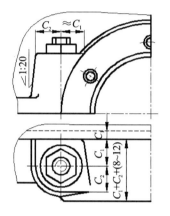

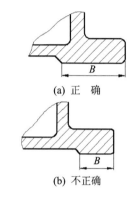

图 4-10 底座凸缘宽度

2. 箱体结构要有良好的工艺性

好的箱体结构工艺可提高加工精度、装配质量、劳动生产效率和经济效益,便于检修维护,故应特别注意箱体结构工艺性的设计。

(1) 铸造工艺性

在设计铸造箱体时,应考虑铸造工艺的特点,力求形状简单,壁厚均匀,过渡平缓,不要有局部积聚的金属。

考虑液态金属的流动性,箱体壁厚不应过薄,其最小值如表 4-3 所列。砂型铸造圆角半径一般可取 $R \geqslant 5$ mm。

表 4-3 铸件最小壁厚(砂型铸造)　　　　　　　　　　　　　　　　　　mm

材 料	小型铸件≤200×200	中型铸件(200×200)~(500×500)	大型铸件>500×500
灰口铸铁	3~5	8~10	12~15
可锻铸铁	2.5~4	6~8	
球墨铸铁	≥6	12	
铸钢	≥8	10~12	15~20
铝	3	4	

为了避免因冷却不均造成的内应力、裂纹或缩孔等缺陷,箱体各部分壁厚应均匀。当较厚

部分过渡到较薄部分时,应采用平缓的过渡结构,铸件过渡部分尺寸如表4－4所列。表中数值适用于 $h=(2\sim3)\delta$ 的情况,当 $h>3\delta$ 时,应增大表中的数值;当 $h<2\delta$ 时,无须过渡。

表4－4 铸件过渡部分尺寸(GB/ZQ 4254—86)　　　　mm

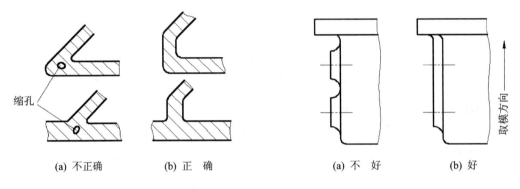

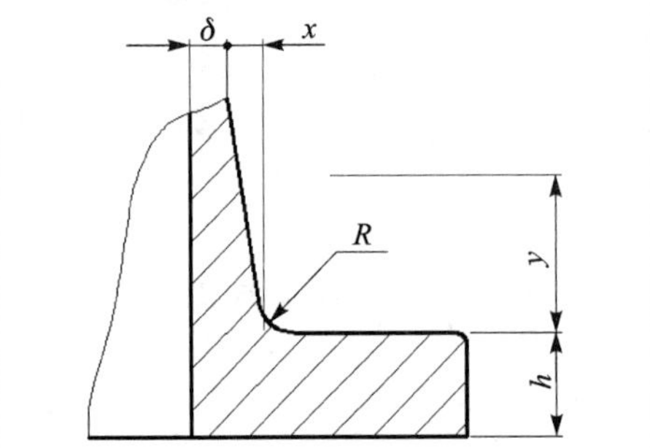

铸件壁厚h	x	y	R
10～15	3	15	5
15～20	4	20	5
20～25	5	25	5

为了避免产生金属积聚,不能采用锐角相交的筋和壁,如图4－11所示。

为了便于造型时取模,铸件表面沿拔模方向应设计成1∶10～1∶20的拔模斜度。在铸造箱体的拔模方向上应尽量减少凸起结构,必要时可设置活块,以减少拔模困难。当铸件表面有多个凸起结构时,应尽量将相近凸起连成一体,以便于木模制造和造型,如图4－12所示。

(a) 不正确　　(b) 正确　　　　　　(a) 不　好　　(b) 好

图4－11 箱体筋和壁相交的结构　　　图4－12 凸起结构与起模

箱盖和箱座上应尽量避免出现狭缝,以免砂型强度不够,在浇铸和取模时形成废品。图4－13(a)所示的结构中两凸台距离太小,应将凸台连在一起,如图4－13(b)、(c)、(d)所示。

(2) 机械加工工艺性

在设计箱体结构时,应尽可能减少机械加工面积,以提高生产率和减少刀具的磨损。图4－14所示为箱座底面的一些结构形式,图4－14(a)所示加工面积太大,且难以支承平整;图4－14(c)所示是较合理的结构,当底面较短时,也可采用图4－14(b)或图4－14(d)所示的结构。

为了缩短加工时间和提高加工精度,在机加工时要尽量减少工件和刀具的调整次数。例如,同一轴心线的两个轴承座孔直径应尽量相等,以便一次镗孔和保证镗孔精度。又如,同一方向的轴承座端面应尽量位于同一平面上,以便一次加工,如图4－15所示。

任何一处加工面与非加工面必须严格分开,不可在同一平面内。例如,箱盖上的窥视孔处需要加工,就应在孔周边做出高度为3～5 mm的凸台,如图4－15(b)所示。

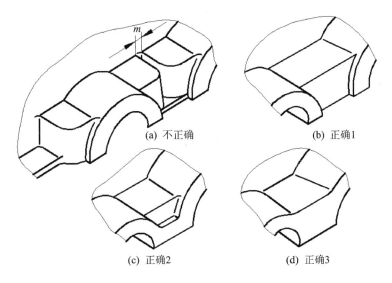

图 4-13 凸台设计避免狭缝

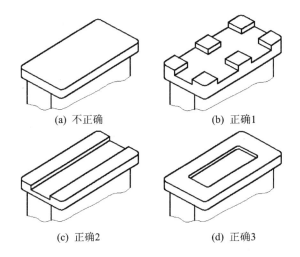

图 4-14 箱座底面结构

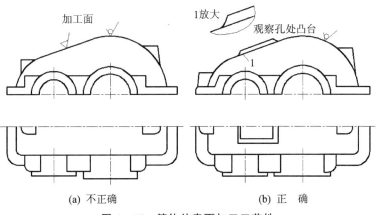

图 4-15 箱体外表面加工工艺性

为保证结合面处螺栓连接可靠并减少作用于螺栓上的附加弯曲应力，与螺栓头部或螺母接触的支承面应进行机械加工，形成小凸台或沉头座，其结构和加工方法如图 4－16 所示。

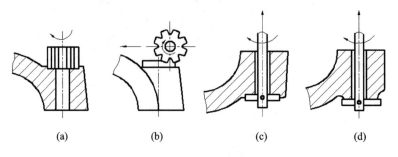

图 4－16 凸台支承面及沉头座的加工方法

4.3 减速器的附件设计

为了减速器的正常工作和维护，箱体上必须设置一些附件，以便于检查传动件啮合情况，润滑油池注油、排油、指示油面高度、通气，检修拆装时箱体的准确定位、起盖及吊运等。

4.3.1 窥视孔和视孔盖

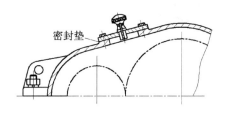

为了便于检查箱内传动零件的啮合情况以及将润滑油注入箱体内，在减速器箱体的箱盖顶部设有窥视孔，为防止润滑油飞溅出来和污物进入箱体内，在窥视孔上应加设视孔盖，如图 4－17 所示。窥视孔设在箱盖顶部能够看到齿轮啮合区的位置，可以检查齿面接触斑点和齿测间隙，检查轮齿的失效情况，窥视孔的大小以手能伸入箱体内进行检查操作为宜。窥视孔平时用视孔盖盖住，视孔盖下加防渗漏垫片。为了注油时过滤杂质，在孔口处可以装设过滤网，视孔盖用铸铁、钢板冲压或有机玻璃制造，用 M5～M10 螺钉紧固。箱体上安装视孔盖处应有高度 3～5 mm 的凸台，并进行刨削或铣削，以保证接触紧密性。

图 4－17 窥视孔及视孔盖结构

4.3.2 通气器

减速器工作时，由于摩擦发热使得箱体内温度升高、气压增大，导致润滑油从分箱面的轴伸处间隙向外渗漏。为使箱体内外气压一致，通常多在箱盖顶部或窥视孔盖上安装通气器，使箱体内热空气自由逸出，使箱体内外气压相等，从而保持其密封性能。简易的通气器通常用带孔螺钉制成，但通气孔不要直通顶端，以免灰尘进入。简易的通气器用于比较清洁的场合，如图 4－18(a)所示。较好的通气器内部做成各种曲路，并设有金属网，停机后可以减少随空气吸入箱内的灰尘，如图 4－18(b)所示。

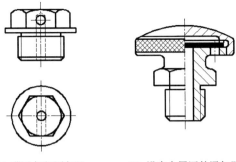

(a) 带孔螺钉通气器　　(b) 设有金属网的通气器

图 4-18　通气器

4.3.3　油　标

油标用来指示油面高度，应设置在便于检查及油面较稳定之处（如低速级传动件附近）。常用的油标有杆式油标（油标尺）、圆形油标、长形油标和管状油标。在难以观察到的地方，应采用杆式油标。杆式油标结构简单，其上有刻线表示最高及最低油面，图 4-19 所示为带螺纹部分的杆式油标。油标安置的部位不能太低，以防油进入油标座孔而溢出，其倾斜角度应便于油标座孔的加工及油标的装拆，如图 4-20 所示。

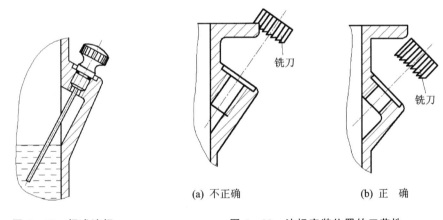

(a) 不正确　　(b) 正　确

图 4-19　杆式油标　　　　图 4-20　油标安装位置的工艺性

4.3.4　定位销

为了精确地加工轴承座孔，并保证减速器每次装拆后轴承的上下半孔始终保持加工时的位置精度，应在箱盖和箱座的剖分面加工完成并用螺栓连接之后、镗孔之前，在箱盖和箱座的连接凸缘上装配两个定位圆锥销。定位销的位置应便于钻、铰孔加工，且不妨碍附近连接螺栓的装拆。两个定位销应相距较远，且不宜对称布置，以提高定位精度。

定位销通常采用圆锥定位销，其长度应稍大于上下箱体连接凸缘总厚度，如图 4-21 所示，并使两头露出，以便装拆。定位销为标准件，其公称直径（小端直径）可取 $(0.7 \sim 0.8)d_2$，其中 d_2 为

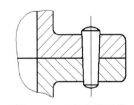

图 4-21　定位销结构

箱盖与箱座连接螺栓的直径。

4.3.5 起盖螺钉

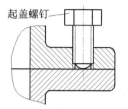

图 4-22 起盖螺钉结构

为了加强密封效果,防止润滑油从箱体剖分面处渗漏,通常在箱盖和箱座剖分面上涂以水玻璃或密封胶,因而在拆卸时往往因黏接较紧而不易分开。为此,常在箱盖凸缘的适当位置上设置 1~2 个启盖螺钉,旋入启盖螺钉,可将上箱盖顶起。

启盖螺钉的直径与箱盖凸缘连接螺栓的直径相同,其长度应大于箱盖凸缘的厚度,其端部应为圆柱形或半圆形,以免在拧动时破坏其端部螺纹,如图 4-22 所示。

4.3.6 起吊装置

为了便于装拆和搬运,应在箱盖上安装吊环螺钉或铸出吊耳,并在箱座上铸出吊钩。当减速器的重量较大时,搬运整台减速器,只能采用箱座上的吊钩,而不允许用箱盖上的吊环螺钉或吊耳,以免损坏箱盖和箱座连接凸缘结合面的密封性。

吊环螺钉为标准件,其公称直径按起重重量选取。吊环螺钉通常用于吊运箱盖;也可以用于吊运轻型减速器,此时应按整台减速器的重量选取。通常每台减速器应设置两个吊环螺钉,将其旋入箱盖凸台上的螺孔中,吊环螺钉的凸肩应紧抵支承面,如图 4-23 所示。为保证足够的承载能力,吊环螺钉旋入螺孔中的螺纹部分不宜太短,加工螺孔时应避免钻头半边切削的行程过长,以免钻头折断,螺纹尾部结构可参考图 4-24。

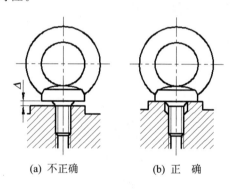

(a) 不正确　　　(b) 正确

图 4-23 吊环螺钉的安装

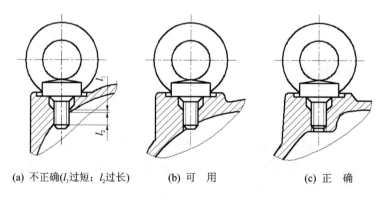

(a) 不正确(l_1过短;l_2过长)　　(b) 可用　　(c) 正确

图 4-24 吊环螺钉的螺孔尾部结构

吊耳或吊环直接在箱盖上铸出,其结构形式如图 4-25 所示。

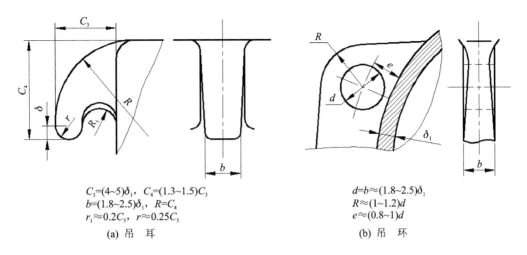

$C_3=(4\sim5)\delta_1$，$C_4=(1.3\sim1.5)C_3$
$b=(1.8\sim2.5)\delta_1$，$R=C_4$
$r_1\approx0.2C_3$，$r\approx0.25C_3$
(a) 吊　耳

$d=b\approx(1.8\sim2.5)\delta_1$
$R\approx(1\sim1.2)d$
$e\approx(0.8\sim1)d$
(b) 吊　环

图 4-25　吊耳或吊环的结构和尺寸

吊钩铸在箱座两端的凸缘下面，用于吊运整台减速器，如图 4-26 所示。

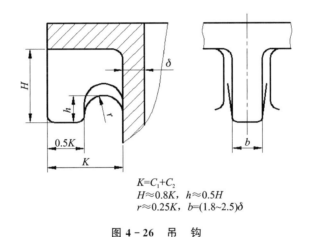

$K=C_1+C_2$
$H\approx0.8K$，$h\approx0.5H$
$r\approx0.25K$，$b=(1.8\sim2.5)\delta$

图 4-26　吊　钩

4.3.7　放油孔及螺塞

为了换油和清洗箱体时排出油污，应在油池最低处设置放油孔，如图 4-27 所示，并安置在减速器不与其他部件靠近的一侧，以便于放油，箱座内底面常做成 1°～1.5°倾斜面，在油孔附近应做成凹坑，以便污油汇集并排尽。平时放油孔用螺塞堵住，并配有封油垫圈。螺塞及封油垫圈的结构如图 4-28 所示。

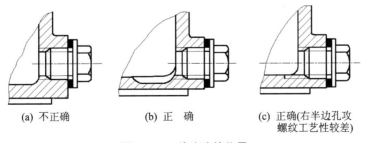

(a) 不正确　　(b) 正　确　　(c) 正确(右半边孔攻螺纹工艺性较差)

图 4-27　放油孔的位置

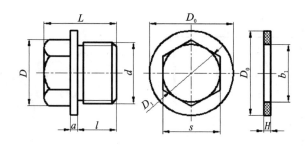

图 4-28 螺塞及封油垫圈结构

4.3.8 轴承端盖

轴承端盖主要用来固定轴承、承受轴向力以及调整轴承间隙。轴承端盖有嵌入式和凸缘式两类,如图 4-29 和图 4-30 所示。

图 4-29 嵌入式轴承端盖

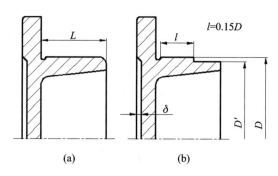

图 4-30 凸缘式轴承端盖

嵌入式轴承端盖结构简单,只依靠凸起部分就可以嵌入轴承座的相应槽中,安装后外表平整美观,但密封性较差、易漏油,而且调整轴承间隙时需要打开箱盖以增减垫片,比较麻烦,只适用于深沟球轴承(不用调整间隙),如果用于角接触轴承时,应增加调整垫片,如图 4-29 所示。

凸缘式轴承端盖用螺钉固定在箱体上,密封性能好,调整轴承间隙方便,因此使用较多。这种端盖大多采用铸铁件,设计制造时要考虑铸造工艺性,尽量使整个端盖的厚度均匀。当端盖长度 L 较大时,为减少配合面,可采用图 4-30(b)的结构,使其直径 $D'<D$,但端盖与箱体的配合段必须保留足够的长度 l,否则拧紧螺钉时容易使端盖歪斜,一般取 $l=(0.1\sim 0.150)D$。

4.4 减速器的润滑和密封

减速器内的传动零件(齿轮、蜗轮和蜗杆)和轴承都需要有良好润滑,这样不仅可以减小摩擦损失、提高传动效率,还可以防止锈蚀,降低噪声。而密封一般是指有轴伸处、轴承室内侧、箱体接合面和轴承盖、窥视孔和放油孔接合面等处的密封,以阻止润滑油从箱体中泄漏,并防止灰尘、杂质等异物侵入轴承。

4.4.1 传动件的润滑

减速器传动件的润滑形式根据传动件的圆周速度来选择。当 $v<0.8$ m/s 时,采用脂润滑;当 0.8 m/s$<v<12$ m/s 时,采用浸油润滑;当 $v>12$ m/s 时,则采用喷油润滑。由于绝大多数减速器传动件的圆周速度均小于 12 m/s,故最常见的润滑形式是浸油润滑。

(1) 浸油润滑

浸油润滑是指将齿轮浸入箱体润滑油中,当传动件转动时,润滑油被带到啮合面上,进行润滑,同时还可将啮合面上长期形成的氧化物杂质冲洗掉,随油液进入油池,再经放油孔流出。另外,浸油润滑时油池中的油也同时被甩到箱壁上,起到散热作用。

通常将大齿轮浸入油池中进行润滑,浸入油中的深度约为一个齿高,但不应小于 10 mm,若浸入过深则增大了齿轮的运动阻力并使油温升高。在多级齿轮传动中,可采用带油轮将油带到未进入油池内的齿轮齿面上,同时可将油甩到齿轮箱壁上散热,使油温下降,如图 4-31 所示。

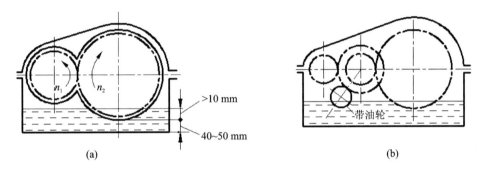

图 4-31 油池润滑

另外,为避免油搅动时沉渣泛起,齿顶到油底面的距离应大于 30~50 mm。

为了保证润滑油的散热作用,箱座应能容纳一定量的润滑油,对于单级传动,每传递 1 kW 的功率,需油量为 0.35~7 L;对于多级传动,需油量应按级数成比例增加。

(2) 喷油润滑

喷油润滑是利用油泵(压力约 0.05~0.3 MPa)通过油管将润滑油从喷嘴直接喷到啮合面上,如图 4-32 所示,喷油孔的距离应沿齿轮宽度均匀分布。

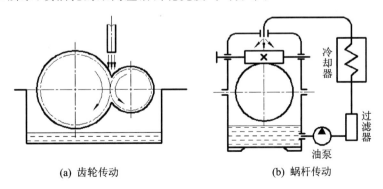

(a) 齿轮传动　　(b) 蜗杆传动

图 4-32 压力喷油润滑

喷油润滑也常用于速度不高但工作条件繁重或需借助大量润滑油进行冷却的重要减速器中,如矿井大型提升机减速器。

喷油润滑效果好,润滑油可以不断冷却和过滤,但需要专门的管路、滤油器、冷却及油量调节装置,因而费用较高。

4.4.2 滚动轴承的润滑

对于齿轮减速器,当浸油齿轮的圆周速度 $v<2$ m/s 时,滚动轴承宜采用脂润滑;当齿轮的圆周速度 $v\geqslant 2$ m/s 时,滚动轴承多采用油润滑。

对于蜗杆减速器,下置式蜗杆轴承用浸油润滑、蜗轮轴承多采用脂润滑或刮板润滑。

(1) 脂润滑

采用润滑脂润滑,不需要供油系统,滚动轴承密封装置简单,容易密封,并且润滑脂不易流失,便于密封和维护,只需在初装配时和每隔一段时间(通常每年 1~2 次)将润滑脂填充到轴承室中即可。但润滑脂黏性很大,高速时摩擦阻力大,散热效果差,且在高温时易变稀而流失,所以脂润滑只用于轴颈转速低、温度不高的场合。

填入轴承室中的润滑脂应当适量,过多易发热,过少则达不到预期的润滑效果。通常以填满轴承室空间 $\frac{1}{3}\sim\frac{1}{2}$ 为宜。填入量与转速有关,转速较高($n=1\,500\sim3\,000$ r/min)时,一般不应超过 $\frac{1}{3}$;转速较低($n<300$ r/min)或润滑脂易于流失时,填充量可以适当多一些,但不应超过轴承室空间的 $\frac{2}{3}$。添脂时,可拆去轴承盖,或者采用添加润滑脂的装置,如旋盖式油杯、压注油杯等,如图 4-33 所示。

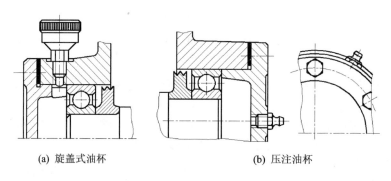

(a) 旋盖式油杯　　　　　(b) 压注油杯

图 4-33　油　杯

(2) 飞溅润滑

减速器中只要有一个浸油齿轮的圆周速度 $v\geqslant 1.5\sim 2$ m/s 时,就可采用飞溅润滑。飞溅润滑是利用旋转的传动零件将油池中的油甩到箱盖内壁上,油便顺着内壁流入箱体接合面的油沟中,并沿油沟流入各个轴承室,对轴承进行润滑,如图 4-34 所示,在箱盖接合面与内壁相接的边缘处,必须制出倒棱,以便油能顺利流入油沟中。

采用飞溅润滑时,如果传动件为斜齿圆柱齿轮,而小齿轮直径又小于轴承座孔直径时,则应在小齿轮轴滚动轴承面向箱内的一侧装设挡油环,以防止斜齿轮啮合时将热油挤入轴承内,如图 4-35 所示。

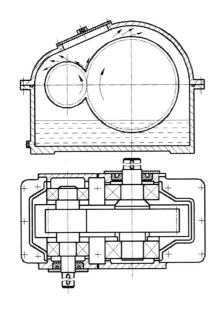

图 4-34 飞溅润滑

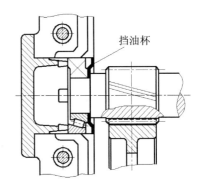

图 4-35 轴承室的挡油环结构

当浸油齿轮圆周速度较大（$v>3$ m/s）时，飞溅的油可形成油雾，直接溅入轴承室进行润滑，称为油雾润滑。采用油雾润滑时，分箱面可以不开设油沟。

（3）刮板润滑

浸入油中的传动零件圆周速度较低（$v<1.5\sim2$ m/s），溅油效果不好时，为了保证轴承的用油量，可在箱壁内加装刮板，刮板与轮缘间保持微小距离（约 0.5 mm 间隙）。传动零件转动时，轮缘上的油被刮板刮下，沿油槽流入轴承室进行润滑，如图 4-36 所示。应注意的是，轮缘的端面跳动和轴向窜动将影响间隙大小，设计时应严格控制。

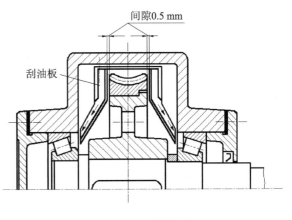

图 4-36 刮板润滑

4.4.3 减速器的密封

减速器需要密封的部位很多，密封形式也较多，下面介绍各主要密封部位的常用密封装置。

（1）轴伸出端的密封

在减速器输入轴和输出轴的伸出端，为了防止润滑剂向外泄漏和箱外灰尘、水气及其他杂质渗入，加剧轴承的磨损和腐蚀，应该设置密封装置。常用的密封形式有以下几种：

① 毡圈密封　毡圈密封是利用矩形截面的毡圈嵌入梯形槽中产生对轴的压紧作用来获得密封效果。毡圈密封装置结构简单、价格低廉，但对轴颈接触面的摩擦较大，容易因磨损而降低密封效果。它主要用于脂润滑、工作温度 $t<90$ ℃及密封处轴颈圆周速度 $v<5$ m/s 的稀油润滑的场合。图 4-37 所示为最简单的毡圈密封装置，该装置便于定期更换，可随时调整毡

圈与轴表面压力,以保持密封性。安装前,毡圈需用热矿物油(80~90 ℃)浸渍。

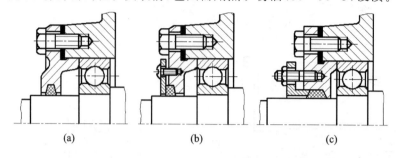

图4-37 毡圈密封装置

② 橡胶圈密封　利用箱体上沟槽使O形橡胶圈受到压缩实现密封,在介质作用下产生自紧作用而增强密封效果。O形圈有双向密封的能力,其密封结构简单。

③ 唇形密封　利用耐油橡胶圈唇形结构部分的弹性和螺旋弹簧圈的扣紧力,使唇形部分紧贴轴表面而实现密封,如图4-38所示。图(a)所示为唇部向着轴承,密封的主要作用是防止漏油,而且随油压增大,唇部与轴贴得更紧,密封效果也随之增强;图(b)所示为唇部背着轴承,其主要作用是防止外界灰尘和水进入轴承与箱体内;图(c)所示为双向密封形式,即两个密封圈相对安装,同时具备防漏油和防尘能力;图(d)所示为立式伸出轴轴承的密封装置,采用两个密封圈且唇部开口均向上安装,目的是加强防漏油的能力。

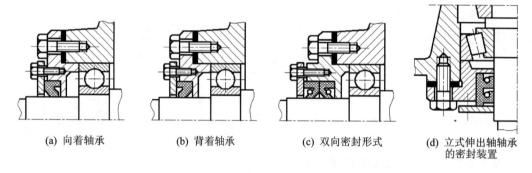

(a) 向着轴承　　(b) 背着轴承　　(c) 双向密封形式　　(d) 立式伸出轴轴承的密封装置

图4-38 内包骨架旋转轴唇形密封圈密封装置

④ 沟槽密封　如图4-39所示。沟槽密封是在轴与端盖通孔之间留有极窄的缝隙,并在端盖上车出环形密封槽,利用充满润滑脂的环形间隙和环形沟槽来实现密封。图4-39(b)是开有回油槽的结构,有利于提高密封能力。沟槽密封结构简单,但密封效果不够可靠,适用于脂密封及较清洁油密封的轴承。

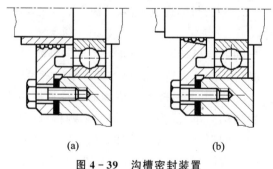

图4-39 沟槽密封装置

⑤ 迷宫密封　迷宫密封是在转动件和固定件上各加工出曲槽,且在装配中用油脂充满曲折狭小的缝隙,以达到密封的目的。常见的迷宫密封结构型式如图 4-40 所示。迷宫密封对油润滑和脂润滑都适用,其密封性可靠,无摩擦磨损,且具有防尘和防漏作用,但其结构复杂、制造和安装不太方便。

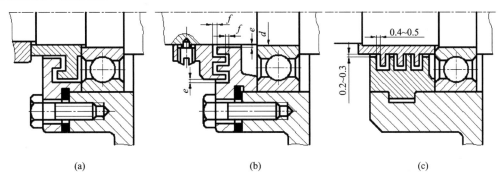

图 4-40　迷宫密封装置

（2）轴承室内侧的密封

① 封油环　封油环用于脂润滑的轴承,其作用是使轴承室与箱体内部隔开,防止油脂泄入箱内,同时防止箱内润滑油溅入轴承室而稀释和带走油脂。封油环密封装置如图 4-41 所示。图(a)、(b)、(c)所示为固定式封油环;图(d)、(e)所示为旋转式封油环,它利用离心力作用甩掉从箱壁流下的油以及飞溅起来的油和杂质,其封油效果比固定式好,是最常用的封油装置。封油环制成齿状,封油效果更好,其结构尺寸见图(f)。

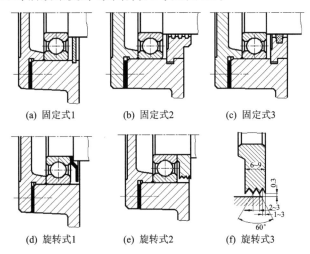

图 4-41　封油环装置

② 挡油环　挡油环用于油润滑轴承,其作用是防止过多的经啮合处挤压出来的可能带有金属磨屑等杂物的油涌入轴承室。图 4-42(a)、4-42(b)所示为两种挡油环装置,挡油环与轴承座孔之间留有不大的间隙,以便让一定量的油溅入轴承室进行润滑,但却能防止过多的油涌入轴承室。还有一种类似于挡油环的装置——贮油环装置,如图 4-42(c)所示,其作用是使轴承室内保留适量的润滑油,常用于经常起动的油润滑轴承,贮油环高度以不超过轴承最低滚动体中心为宜。

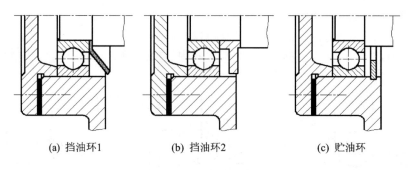

(a) 挡油环1　　　　(b) 挡油环2　　　　(c) 贮油环

图 4-42　挡油环装置

（3）箱盖与箱座接合面的密封

为了保证箱盖与箱座接合面的密封，连接凸缘应有足够的宽度，结合表面要经过精刨或刮研，连接螺栓间距不应过大（小于 150～200 mm），以保证足够的压紧力。为了保证轴承孔的精度，剖分面间不得加垫片，只允许在剖分面间涂以密封胶或水玻璃。为提高密封性，在箱座凸缘上面常铣出油沟，使渗入凸缘连接的接合面缝隙中的油重新流回箱体内，回油沟的结构、尺寸及加工方法如图 4-43 所示。

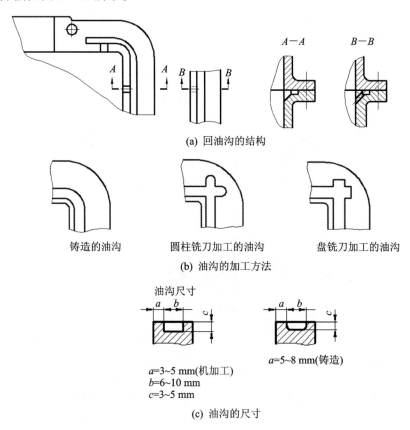

(a) 回油沟的结构

(b) 油沟的加工方法

$a=3\sim5$ mm(机加工)
$b=6\sim10$ mm
$c=3\sim5$ mm

$a=5\sim8$ mm(铸造)

(c) 油沟的尺寸

图 4-43　回油沟结构、尺寸及加工方法

另外，凸缘式轴承盖端盖的端缘、窥视孔板上及油塞与箱座、箱盖的配合处均需装纸封油环或皮封油环以保证密封效果良好。

4.5 减速器装配图参考图例

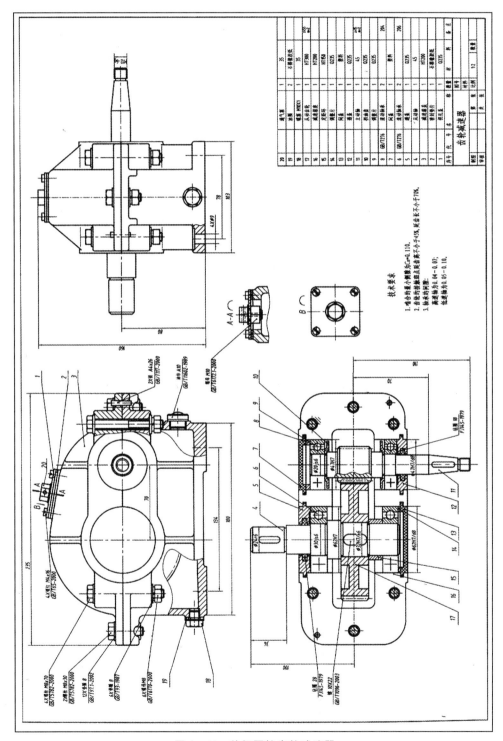

图 4-44 单级圆柱齿轮减速器

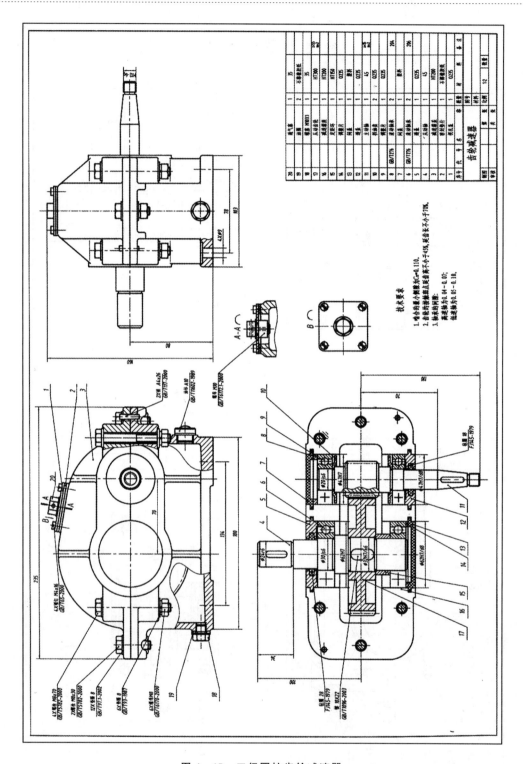

图 4-45 二级圆柱齿轮减速器

4.6 减速器零件图参考图例

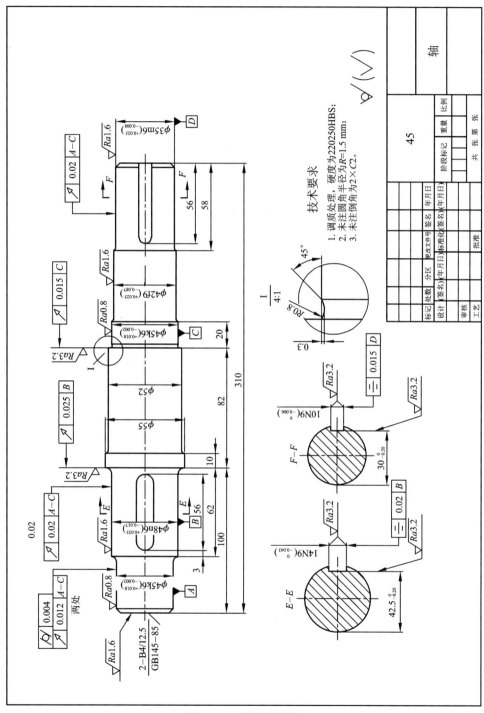

图4-46 轴的零件图

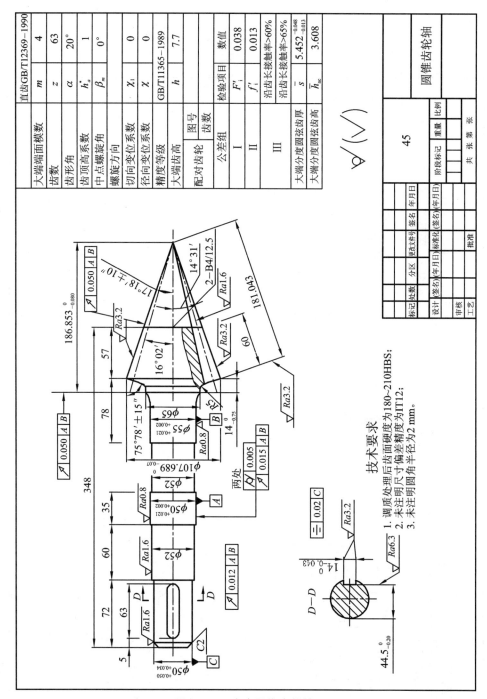

图 4-47 直齿圆锥齿轮轴

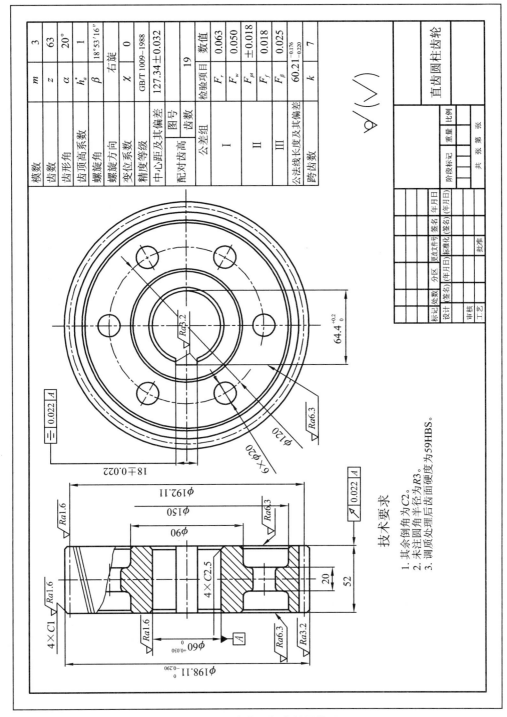

图 4-48 直齿圆柱齿轮零件图

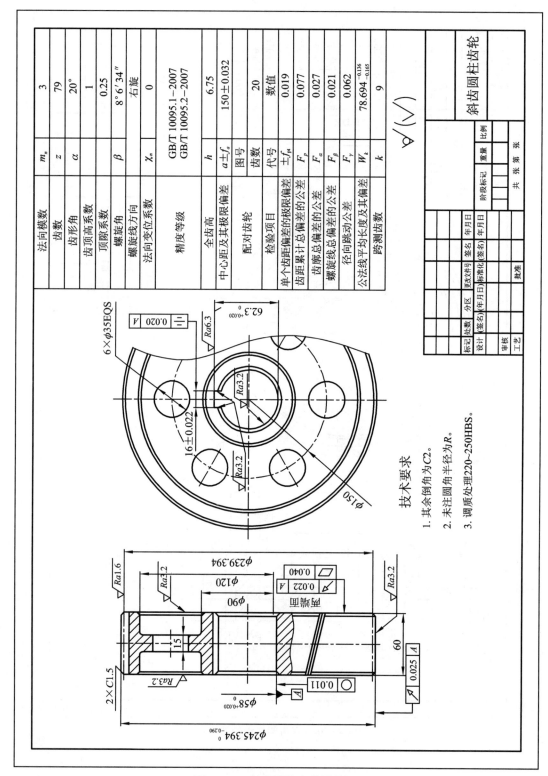

图 4-49 斜齿圆柱齿轮零件图

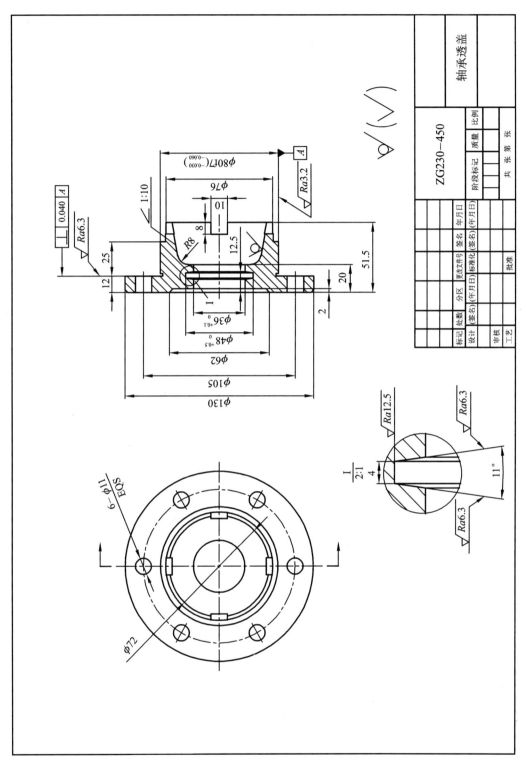

图 4-50 轴承透盖

第 5 章　减速器装配工作图设计

装配图是反映各零件的相互关系、结构形状及尺寸的图纸。因此,设计时通常是从画装配图着手,确定所有零件的位置、结构尺寸,并以此为依据绘制零件工作图。装配图也是机器组装、调试、维护等的技术依据,所以绘制装配图是设计过程的重要环节,必须综合考虑对零件的材料、强度、刚度、加工、装拆、调整和润滑等要求,用足够的视图和剖面图表达清楚。

5.1　装配草图设计的准备

在装配图绘制前,应翻阅有关材料,参观或实际装拆减速器,了解各零部件的功能,做到对设计内容心中有数。具体内容有:

① 确定各类传动零件的中心距、最大圆直径和宽度(轮毂和轮缘)。
② 选择电动机的类型和型号,并查出其轴径和伸出长度。
③ 按工作情况和转矩选择联轴器的类型和型号、两端轴孔直径和宽度尺寸,并满足有关装配尺寸的要求。
④ 确定滚动轴承的类型及轴的支承形式等。
⑤ 确定箱体的结构方案(整体或部分)。

5.2　装配草图的设计

5.2.1　装配草图设计的第一阶段

装配草图设计第一阶段的主要任务内容是初步绘出减速器的俯视图。如图 5-1 所示,现以一级圆柱齿轮减速器为例,说明绘制减速器装配草图的方法和步骤。

轴、轴承和传动零件是减速器的主要零件,其他零件的结构和尺寸是根据主要零件的位置和结构而定。绘图时先画主要零件,后画次要零件;由箱内零件画起,内外兼顾,逐步向外画;先画零件的中心线及轮廓线,后画细部结构。画图时要以一个视图为主,兼顾其他视图。

1. 选择比例尺,合理布置图面

绘图时,应先选比例尺,为加强真实感,尽量选用 1∶1 的比例尺。布置图面时,应根据传动件的中心距、齿顶圆直径及轮宽等主要尺寸,估计出减速器的轮廓尺寸,合理布置图面。

2. 传动零件位置及轮廓的确定

在俯视图上画出齿轮的轮廓尺寸,如齿顶圆和齿宽等,为保证全齿宽啮合并降低安装要求,通常取小齿轮比大齿轮宽 5~10 mm。

当设计两级齿轮传动时,必须保证传动件之间有足够大的距离 Δ_3,一般可取 $\Delta_3 = 8$~15 mm。

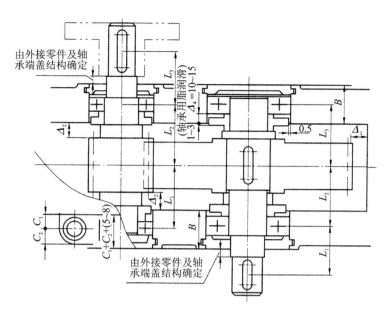

图 5-1　一级圆柱齿轮减速器的初绘装配草图

3. 画出箱体内壁线

在俯视图上,先按小齿轮端面与箱壁间的距离 $\Delta_2 \geqslant \delta$ 的关系,画出沿箱体长度方向的两条内壁线,再按大齿轮顶圆与内箱壁距离 $\Delta_1 \geqslant 1.2\delta$ 的关系,画出沿箱体宽度方向低速级大齿轮一侧内壁线,δ 为箱座壁厚,取值见本书第 4 章表 4-2。而沿箱体宽度方向高速级小齿轮一侧内壁线在初绘草图时暂不画出,留待完成草图阶段在主视图上用作图法确定。

4. 轴的结构设计

设计轴的结构时,既要满足强度的要求,也要保证轴上零件的定位、固定和装配方便,并有良好的加工工艺性,所以轴的结构一般都做成阶梯形。

(1) 确定轴的径向尺寸

阶梯轴径向尺寸的确定是在初算轴径的基础上进行的。阶梯轴各段径向尺寸由轴上零件的受力、定位、固定等要求确定。

① 有配合或安装标准件处的直径

轴上有轴、孔配合要求的直径,如图 5-2 中安装齿轮和联轴器处的直径 d_6 和 d_1,一般应取标准值。安装轴承及密封元件处的轴径 d_3、d_7 和 d_2 应与轴承及密封元件孔径的标准尺寸一致。Ⅰ、Ⅱ 和 Ⅲ 处的局部放大图如图 5-3 所示。

② 轴肩高度和圆角半径

定位轴肩:在图 5-2 中,d_1—d_2、d_3—d_4 和 d_5—d_6 位置处的轴肩分别是联轴器、右端轴承和齿轮的定位轴肩。如图 5-3 所示,定位轴肩的高度 h,圆角半径 R 及轴上零件的倒角 C_1 或圆角 R_1 要保证如下关系:$h > R_1$(或 C_1)$> R$。

安装滚动轴承处的 R 和 R_1 可在轴承标准中查取。轴肩高度 h 除应大于 R_1 外,还要小于轴承内圈厚度 h_1,以便拆卸轴承,如图 5-4 所示。如由于结构原因,必须使 $h \geqslant h_1$ 时,可采用轴槽结构,供拆卸轴承用,如图 5-5 所示。如果可以通过其他零件拆卸轴承,则 h 不受此限制,如图 5-6 所示。尺寸 h 可在相应的轴承标准中查到。

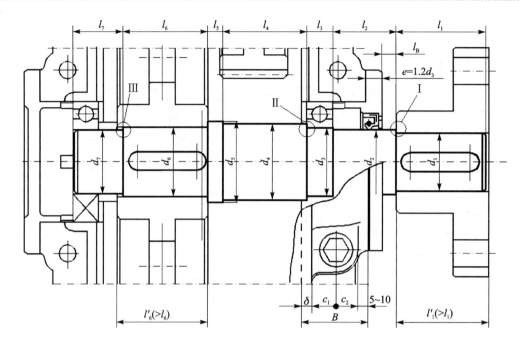

图 5-2 轴的结构设计

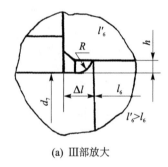

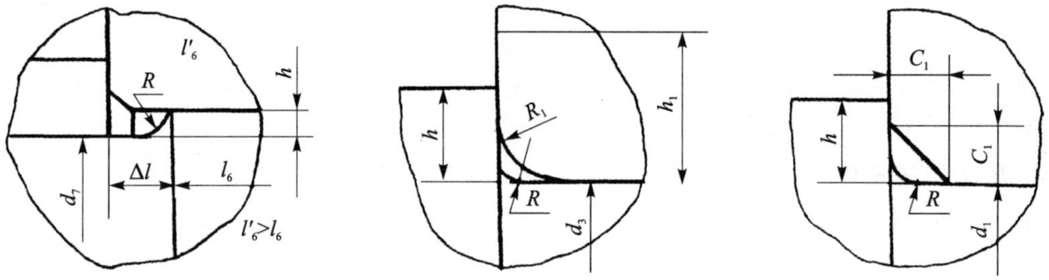

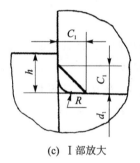

(a) Ⅲ部放大　　(b) Ⅱ部放大　　(c) Ⅰ部放大

图 5-3 轴肩高度和圆角半径

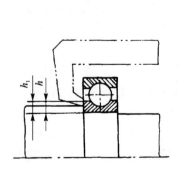

图 5-4 $h<h_1$ 时轴承的拆卸

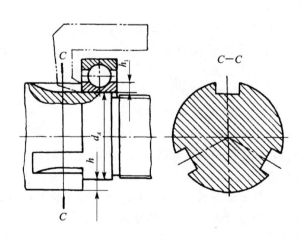

图 5-5 $h \geqslant h_1$ 时轴承的拆卸

非定位轴肩:当轴径变化仅是为装拆方便时,相邻直径差要小些,一般为1~3 mm,如图5-2中的d_2—d_3和d_6—d_7处的直径变化。这里轴径变化处圆角R为自由表面过渡圆角,R可大些,如图5-3(a)所示。

有时由于结构原因,相邻两轴段取相同的名义尺寸,但公差带不同,这样可以方便轴承装拆。如图5-7所示,轴承和密封装置处轴径取相同名义尺寸,但实际尺寸$d(f9)<d(k6)$。

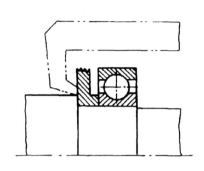

图5-6 有封油盘时轴承的拆卸

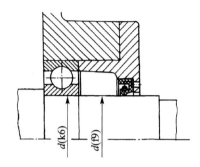

图5-7 公差带不同

径向尺寸确定举例:如图5-2所示的输出轴,轴的径向尺寸确定一般由外伸端开始,例如由初算并考虑键槽影响及联轴器孔径范围等,取$d_1=55$ mm时,考虑决定径向尺寸的各种因素,其他各段直径可确定为:$d_2=62$ mm($h=(0.07\sim0.1)\times55$ mm$=3.85\sim5.5$ mm,$d_2=d_1+2h=62.7\sim66$ mm),$d_3=65$ mm(如轴承型号取30213),$d_4=74$ mm(由轴承型号30213查得),$d_7=d_3=65$ mm,$d_6=70$ mm,$d_5=82$ mm($h=(0.07\sim0.1)\times70$ mm$=4.9\sim7$ mm,$d_5=d_6+2h=79.8\sim84$ mm)。也可取$d_2=65$(f9) mm,$d_3=65$(k6) mm。

(2) 确定轴的轴向尺寸

阶梯轴各段轴向尺寸由轴上直接安装的零件(如齿轮、轴承等)和相关零件(如箱体轴承座孔、轴承盖等)的轴向位置和尺寸确定。

① 由轴上安装零件确定的轴段长度 图5-2中l_6、l_1及l_3由齿轮、联轴器的轮毂宽度及轴承宽度确定。轮毂宽度l'与轮毂孔径d有关,可查有关零件结构尺寸。一般情况下,轮毂宽度$l'=(1.2\sim1.6)d$,最大宽度$l'_{max}\leqslant(1.8\sim2)d$。轮毂过宽则轴向尺寸不紧凑,装拆不便,而且键连接不能过长,键长不大于$(1.6\sim1.8)d$,以免压力沿键长分布不均匀现象严重。轴上零件靠套筒或轴端挡圈轴向固定时,轴段长度l应较轮毂宽度l'小,$l=l'-(2\sim3)$ mm,以保证套筒或轴端挡圈能与轮毂零件可靠接触,图5-2中安装联轴器处$l'_1>l_1$,安装齿轮处$l'_6>l_6$。图5-8(a)所示为正确结构,图5-8(b)所示为错误结构。

② 由相关零件确定的轴段长度 图5-2中,l_2与箱体轴承座孔的长度、轴承的宽度及其轴向位置、轴承盖的厚度e及伸出轴承盖外部分的长度l_B有关。轴承座孔及轴承的轴向位置和宽度在前面已确定。伸出端盖外部分的长度l_B与伸出端安装的零件有关。在图5-9(a)、(b)中,l_B与端盖固定螺钉的装拆有关,可取$B\geqslant(3.5\sim4)d_3$,此处d_3为轴承端盖固定螺钉直径。在图5-10(a)中,轴上零件不影响螺钉等的拆卸,这时可取$l_B=(0.15\sim0.25)d_3$;在图5-10(b)中,l_B由装拆弹性套柱销距离B确定(B值可由联轴器标准查出)。因此,第二段轴的长度为:$l_2=\delta+C_1+C_2+(5\sim10)+e+l_B-\Delta_4-l_3$,并圆整。第五段轴环的长度取为:$l_5=10$ mm($l_5=1.4h=1.4\times(0.07\sim0.1)d_4=7.25\sim10.36$ mm)。图5-2中,其他轴段的长度

(如 l_7，l_4)均可由画图确定。

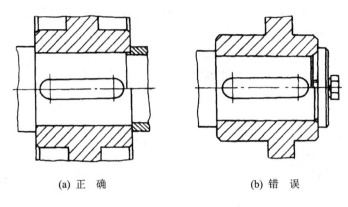

(a) 正 确　　　　　　　　(b) 错 误

图 5-8　轮毂与轴段长度的关系

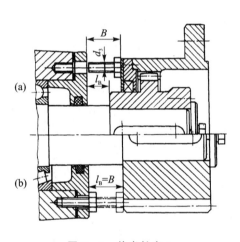

图 5-9　伸出长度 l_B

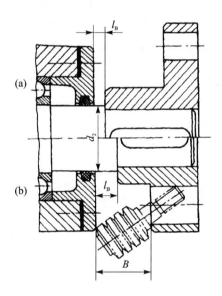

图 5-10　伸出长度 l_B

③ 采用 s 以上过盈配合轴径的结构形式　采用 s 以上过盈配合安装轴上零件时，为装配方便，直径变化可用锥面过渡，锥面大端应在键槽的直线部分，如图 5-11(a)、(b)所示。采用 s 以上过盈配合，也可不用轴向固定套筒，如图 5-11(b)所示。

(3) 确定轴上键槽的位置和尺寸

键连接的结构尺寸可按轴径 d 由标准中查出。平键长度应比键所在轴段的长度短些，并使轴上的键槽靠近传动件装入一侧，以便于装配时轮毂上的键槽易与轴上的键对准，如图 5-12(a)所示，$\Delta = 1 \sim 3$ mm。图 5-12(b)所示的结构不正确，因 Δ 值过大而对准困难，同时，键槽开在过渡圆角处会加重应力集中。

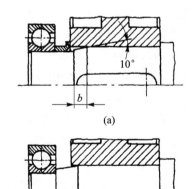

图 5-11　锥面过渡结构

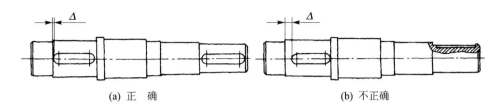

(a) 正　确　　　　　　　　　　　　(b) 不正确

图 5-12　轴上键槽的位置

当轴沿键长方向有多个键槽时,为便于一次装夹加工,各键槽应布置在同一直线上,图 5-12(a)所示正确,图 5-12(b)所示不正确。如轴径径向尺寸相差较小,各键槽断面可按直径较小的轴段取同一尺寸,以减少键槽加工时的换刀次数。

按上述步骤可绘出装配草图,完成后的图形如图 5-1(一级圆柱齿轮减速器的装配草图)所示。由装配草图可确定轴上零件受力点的位置和轴承支点间的距离 L_1、L_2、L_3。

5.2.2　轴系零件校核计算

草图设计第一阶段完成后,确定了轴的初步结构、支点位置和距离及传动零件力的作用点位置,即可着手对轴、键联接强度及轴承的额定寿命进行校核计算。计算步骤如下:

① 定出力学模型,然后求出支反力,画出弯矩图和扭矩图,再计算绘制出当量弯矩图。

② 轴的校核计算。根据轴的结构尺寸、应力集中的大小和力矩图判定一个或几个危险截面,用合成弯矩法或安全系数法对轴进行疲劳强度校核计算。

③ 校核结果。如强度不够,应加大轴径,对轴的结构尺寸进行修改。如强度足够,且计算应力或安全系数与许用值相差不大,则以轴结构设计时确定的尺寸为准不再修改。若强度富裕过多,可待轴承寿命及键联接的强度校核后,再综合考虑是否修改轴的结构。实际上,许多机械零件的尺寸是由结构确定的,并不完全决定于强度。

④ 对轴承进行额定寿命计算。轴承计算的额定寿命若低于减速器使用期限时,可取减速器检修期作为轴承预期工作寿命。验算结果如不能满足要求(寿命太长或太短),可以改用其他尺寸系列的轴承,必要时可改变轴承类型或轴承内径。

⑤ 对键连接进行挤压强度的校核计算。键连接的强度校核计算主要是验算其抗挤压强度是否满足要求。许用挤压应力应按连接键、轴、轮鼓三者中材料最弱的选取,一般是轮毂材料最弱。经校核计算如发现强度不足,但相差不大时,可通过加长轮毂并适当增加键长来解决;否则,应采用双键、花键或增大轴径以增加键的剖面尺寸等措施来满足强度要求。

5.2.3　装配草图设计的第二阶段

草图设计第二阶段的主要任务是对减速器的轴系部件进行结构细化设计,并完成减速器箱体及其附件的设计。进行本阶段的设计工作时,应先主件后附件,先轮廓后细部。

(1) 轴系部件的结构设计

齿轮零件的结构形式和结构尺寸可参考本书第 6 章或机械设计手册。画图时特别要注意轮齿啮合区的正确画法。

轴承端盖的设计参见本书 4.3 节。

(2) 减速器的润滑和密封设计

减速器的润滑和密封设计参见本书 4.4 节。

(3) 箱体结构设计

减速器的箱体结构设计详见本书4.2节。在进行减速器的箱体结构设计时，还要注意以下几点：

① 设计箱体时要保证箱体有足够的刚度，一般情况下在箱体上应设置加强肋。

② 为了提高轴承座处的连接刚度，轴承座孔附近应做出凸台。轴承座孔两侧螺栓应尽量靠近轴承，以不与箱体上固定轴承盖的螺纹孔及箱体剖分面上油沟发生干涉为准。通常取两连接螺栓中心距与轴承盖外径相近（若相同的话，在主视图上螺栓中心线应该与轴承盖的外圆相切）。凸台的高度要保证安装时有足够的扳手空间。画凸台结构时，应在三个视图上交叉进行，其投影关系如图5-13所示。当凸台位置在箱壁外侧时，凸台可做成图5-14(a)或(b)所示的结构。

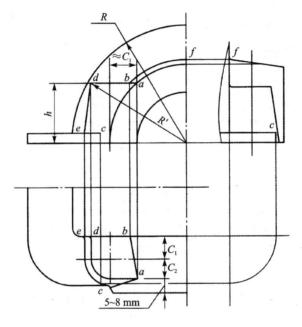

图5-13 凸台的投影关系

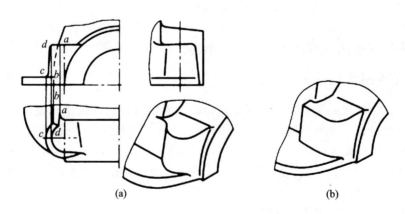

图5-14 轴承座外形结构

③ 箱盖顶部外轮廓的设计。箱盖顶部外轮廓由圆弧和直线组成。大齿轮所在一侧的箱

盖外表面圆弧半径 $R = \frac{d_{a2}}{2} + \Delta_1 + \delta_1$。其中，$d_{a2}$ 为大齿轮齿顶圆直径；δ_1 为箱盖壁厚；Δ_1 为大齿轮顶圆与箱体内壁的距离。一般情况下，大齿轮轴承座孔旁螺栓凸台均处于箱盖圆弧的内侧，按半径为 R 的尺寸画出即可。而小齿轮一侧用上述方法取得的半径画出的圆弧，往往会使小齿轮轴承座孔旁螺栓凸台超出箱盖圆弧，如图 5-14 所示。为使小齿轮轴承座孔旁螺栓凸台位于箱盖圆弧内侧，取箱盖圆弧半径 R 大于图 5-13 所示的尺寸 R'，画出小齿轮一侧的圆弧。画出小齿轮和大齿轮两侧的圆弧后，可做两圆弧的切线。这样，箱盖顶部外轮廓就完全确定了。

④ 在初绘装配底图时，俯视图在小齿轮一侧的内壁线还未确定，将主视图上小齿轮一侧的相关线条再投影到俯视图上，便可画出俯视图上小齿轮侧箱体内壁、外壁和箱缘等结构。

（4）减速器的附件设计

减速器附件包括窥视孔及盖、通气器、吊环螺钉、吊耳及吊钩、启盖螺钉、定位销、油标、放油孔及螺塞等，其设计参见本书 4.3 节。

减速器的附件设计完成之后，装配草图的设计工作也就基本完成了，如图 5-15 所示。

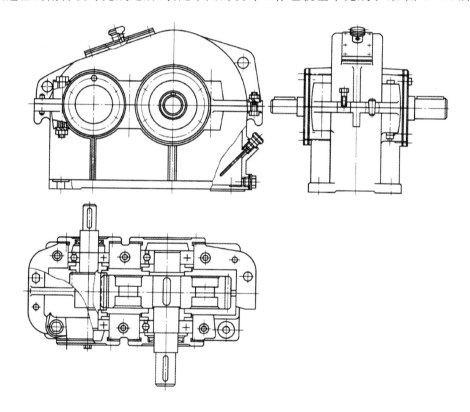

图 5-15　一级圆柱齿轮减速器装配草图

5.3　装配草图的检查与修改

在完成减速器装配草图后，应对装配草图仔细检查，认真修正，检查次序亦如绘制装配草图一样，须按"由主到次"的顺序进行，检查的主要内容如下：

① 装配草图是否与传动方案(运动简图)一致。如轴伸出端的位置,电动机的布置及外接零件(带轮和联轴器等)的匹配是否符合传动方案的要求。

② 传动件、轴、轴承及轴上其他零件的结构是否合理,定位、固定、加工、装拆及密封是否可靠和方便。

③ 箱体的结构与工艺性是否合理,附件的布置是否恰当,结构是否正确。

④ 重要零件是否满足强度、刚度、耐磨等要求,其计算是否正确,计算出的尺寸是否与设计计算相符。

⑤ 图纸幅面、图样比例、图面布置等是否合适。视图表达是否符合机械制图标准的规定,投影是否正确,可重点检查各视图之间的投影关系是否协调一致,啮合轮齿、螺孔及滚动轴承等的规定画法和简化画法是否正确。

5.4 完成装配工作图

作为完整的装配图,除按国家机械制图标准规定完成视图的绘制之外,还要完成以下内容:标注必要的尺寸和配合关系,编写零部件的序号,编制零件明细表和标题栏,绘制减速器技术特性表,编注技术要求等,并对装配图各项内容进行检查、修改,最终完成装配图的设计工作。

装配图的视图应该符合国家机械制图标准的规定,以两个或三个视图为主,以必要的剖面或局部视图为辅,应尽量把减速器的工作原理和主要装配关系集中表达在一个基本视图上。对于齿轮减速器,应尽量集中在俯视图上;对于蜗杆减速器,则可在主视图上表示。装配图应当能完整、清晰地表示各零件的结构形状和尺寸,尽量避免采用虚线。必须表达的内部结构(如附件结构)和细节结构可以采用局部剖视图或局部视图,为了使表达更加清楚,必要时可局部移出并放大比例。

画剖视图时,对于相邻的不同零件,其剖面线的方向应取不同,以示区别,但同一零件在各剖视图中的剖面线方向和间距应取得一致。对于厚度尺寸较小的零件,如垫片、弹性挡圈等,其剖面线允许用涂黑表示。

根据机械制图国家标准规定,在装配图上某些结构可以采用简化画法。例如,成组使用的相同类型、规格和尺寸的螺纹连接件可以只画出一个,其他可用中心线表示,但所画的一个螺纹连接件必须在各视图上表达完整。滚动轴承、唇形密封圈等也可以用简化画法,但同一张图纸上采用的画法风格应一致。

打完底稿后,应仔细检查装配图,特别是装配图中的某些局部结构或尺寸。进行必要的修改之后再加深完成装配图。如果加深之后的装配图仍然有错误,也必须要改正。

装配图的图形画好之后,还需完成下面的工作内容:

1. 标注尺寸

由于装配图是装配、检验、安装及包装减速器的依据,因此在装配图上应标注出以下四类尺寸:

(1) 特性尺寸

特性尺寸是表明减速器性能、规格和特征的尺寸,如传动零件的中心距及其偏差等。

（2）配合尺寸

减速器中主要零件的配合处都应标出基本尺寸、配合性质和精度等级。配合性质和精度等级的选择对减速器的工作性能、加工工艺及制造成本等都有很大影响，它们也是选择装配方法的依据，应根据有关资料确定。表 5－1 列出了减速器中主要零件的荐用配合，供设计时参考。

表 5－1　减速器主要零件的荐用配合

配合零件	荐用配合	装拆方法
大中型减速器的低速级齿轮（蜗轮）与轴的配合、轮缘与轮芯的配合	H7/r6，H7/s6	用压力机或温差法（中等压力的配合，小过盈配合）
一般齿轮、蜗轮、带轮、联轴器与轴的配合	H7/r6	用压力机（中等压力的配合）
要求对中性良好及很少装拆的齿轮、蜗轮、联轴器与轴的配合	HT/n6	用压力机（较紧的过渡配合）
小锥齿轮及较常装拆的齿轮、联轴器与轴的配合	H7/m6，H7/k6	手锤打入（过渡配合）
滚动轴承内孔与轴的配合（内圈旋转）	J6（轻负荷），k6，m6（中等负荷）	用压力机（实际为过盈配合）
滚动轴承外圈与箱体孔的配合（外圈不转）	H7，H6（精度要求高时）	木槌或徒手装拆
轴承套杯与箱体孔的配合	H7/h6	木槌或徒手装拆
轴承盖与箱体孔（或套杯孔）的配合	H7/d11，H7/h8	徒手装拆
轴套、挡油盘、溅油轮与轴的配合	D7/k6，F9/k6，F9/m6，H8/h7，H8/h8	徒手装拆

（3）安装尺寸

减速器在安装时，要与基础、机架或机械设备的某部分相连接，这就需要在其装配图上标注出与这些相关零件有关系的尺寸，即安装尺寸。安装尺寸主要包括：箱体底座尺寸（包括长、宽、厚），地脚螺栓孔的直径、间距及其中心的定位尺寸，输入轴与输出轴外伸端的直径和配合长度，轴外伸端面与减速器某基准轴线的距离，外伸端的中心高等。

（4）外形尺寸

外形尺寸是表示减速器大小的尺寸，以便考虑所需空间大小及工作范围，供车间布置及装箱运输时参考，如减速器总长、总宽、总高等。

标注尺寸时，应使尺寸的布置整齐、清晰，多数尺寸应布置在视图图形外面，并尽量集中在反映主要结构关系的视图上。数字要书写得工整清楚。

2. 零件编号

装配图中零件编号方法有两种：一是不区分标准件和非标准件，装配图中所有零部件统一编号；二是把标准件和非标准件分开，分别编号。

零件序号的编注应符合机械制图国家标准的有关规定。编号时，凡是形状、尺寸及材料完全相同的零件应编为同一个序号，不得重复，也不可遗漏。编号的指引线应用细实线自所指部分的可见轮廓内引出，并在末端画一圆点引到视图的外面。指引线之间不能相交，通过剖面时也不应与剖面线平行，但允许指引线折弯一次。编号引线及写法如图 5－16 所示。对某些独立组件（如滚动轴承、通气器和油标等）或独立部件（如组合式蜗轮），可只编一个序号；对于装配关系明显的零件组(如螺栓、垫圈及螺母),可以共用一条指引线,但应分别予以编号,如图 5-17 所示。编号应按顺时针方向或逆时针方向顺序,序号应安排在视图外边,可沿水平方向或垂直方向排列整齐。序号的字体要求书写工整,字高要比尺寸数字高度大一号或两号。字体高度规定为 2.5 mm、3.5 mm、5 mm、7 mm、10 mm、14 mm、20 mm 七种。

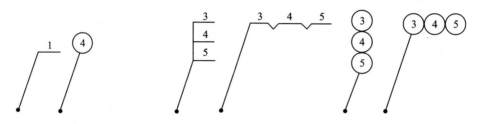

图 5-16　零件编号方法　　　　　图 5-17　零件组件编号方法

3. 编制零件明细表与标题栏

明细表是减速器装配图上所有零部件的详细目录。明细表应注明各零部件的序号、名称、数量、材料及标准规格等内容。填写明细表的过程也是最后确定各零部件材料及选定标准件的过程,应尽量减少材料类型和标准件的品种和规格。

明细表应紧接在标题栏之上,由下往上按序号依次填写。各标准件必须按照规定的标记书写,需要完整地写出零件名称、材料、主要尺寸及标准代号,材料应注明牌号。传动件必须写出主要参数,如齿轮,应标注出模数 m、齿数 z、螺旋角 β 等。

标题栏是表明装配图的名称、绘图比例、件数、重量和图号的表格,也是设计者和单位以及各责任人签字的地方。标题栏应布置在图纸的右下角,紧贴图框线。

装配图的明细表和标题栏应采用国家标准规定的格式,具体形式参见本书第 10 章。

4. 减速器的技术特性

为了表明设计的减速器的各项运动、动力参数及传动的主要几何参数,应在装配图上适当位置写出减速器的技术特性,也可在装配图上以表格形式将这些参数列出。表 5-2 给出了两级圆柱斜齿轮减速器技术特性的示范表,供设计者参考。

表 5-2　技术特性表的格式

输入功率 /kW	输入转速/ $(r \cdot min^{-1})$	效率 η	总传动比 i	传动特性							
				第一级				第二级			
				m_n	z_2/z_1	β	精度等级	m_n	z_2/z_1	β	精度等级

5. 编写技术要求

装配图上应写明在视图上无法表达的关于装配、调整、检验、维护等方面的技术要求。正确制定这些技术要求可保证减速器的各种性能。技术要求通常包括以下几方面的内容:

(1) 对零件的要求

装配前要用煤油或汽油清洗,箱体内应清理干净,不允许有任何杂物存在,箱体内壁应涂上防侵蚀的涂料。

(2) 对润滑剂的要求

标明传动件和轴承所用润滑剂的牌号、用量、补充及更换时间。

(3) 对密封的要求

在试运转过程中,减速器所有连接面及密封处都不允许漏油。剖分面允许涂以密封胶或水玻璃,但不允许使用任何垫片。轴伸处密封应涂上润滑脂。对橡胶油封应注意按图纸所示位置安装。

(4) 对安装、调整的要求

在减速器进行装配时,滚动轴承必须保证有一定的轴向游隙,游隙大小将影响轴承是否能正常工作,因此应在技术要求中提出游隙的大小。游隙过大,会使滚动体受载不均,轴系蹿动;游隙过小,则会妨碍轴系因发热而伸长,增加轴承阻力,严重时会将轴承卡死。

当两端固定的轴承结构中采用不可调间隙的轴承(如深沟球轴承)时,可在端盖与轴承外圈端面间留有适当的轴向间隙 Δ(一般取 0.25~0.4 mm)。

在安装齿轮或蜗杆蜗轮时,为了使传动副能正常运转,必须保证需要的侧隙及足够的齿面接触斑点,所以技术要求必须提出这方面的具体数值,供安装后检验用。对于多级传动,当各级的侧隙和接触斑点要求不同时,应分别在技术要求中予以写明。

(5) 对试验的要求

减速器装配好后,在出厂之前应对减速器进行试验,试验的规范和要求达到的指标应在技术要求中给出。试验分空载试验和负载试验两部分。一般情况下,作空载试验时需正反转各 1 h,要求运转平稳,振动噪声小,连接固定处不得松动;负载试验时需按比例逐级加载,各运转 1~2 h,油池温升不得超过 35 ℃,轴承温升不得超过 40 ℃。

(6) 对包装、运输和外观的要求

箱体表面应涂漆,外伸轴及其零件需涂油,包装须严密,运输和装卸时不可倒置,等等,特殊要求应在技术要求中注明。

6. 检查装配图

装配图完成后,应仔细检查图纸的设计质量,检查的主要内容如下:

① 视图的数量是否足够,是否能清楚地表达减速器的工作原理和装配关系,投影关系是否正确,是否符合机械制图的国家标准。

② 各零部件的结构是否合理,特别是检查传动件、轴、轴承组合和箱体结构是否有重大错误;减速器的加工、装拆、调整、维修和润滑是否可行和方便。

③ 尺寸是否符合标准系列或需圆整;尺寸标注是否完整、正确;重要零件的位置及尺寸(如齿轮、轴、支点距离等)是否符合设计、计算要求,是否与零件工作图一致;相关零件的尺寸是否协调;配合和精度等级的选择是否恰当。

④ 零件编号是否齐全,标题栏和明细表内各项内容填写是否完备、正确。

⑤ 技术特性表内各项数据和单位是否完整、正确。

⑥ 技术要求内容是否完备,各项要求是否合理。

⑦ 制图型线(粗、细实线、剖面线等)是否符合机械制图国家标准;文字和数字是否按照标准规定的格式和字体书写;图纸幅面和图框线等是否符合制图标准的有关规定。

第6章 减速器零件工作图的设计

6.1 零件工作图的设计要点

6.1.1 零件工作图的设计要求

零件工作图是零件制造、检验和制定工艺规程的基本技术文件。零件工作图应包括零件制造和检验的全部内容，即零件的视图、尺寸及公差、形位公差、表面粗糙度、材料、热处理、技术要求及标题栏等。

零件工作图既要反映设计的意图，又要考虑制造的可能性和合理性。合理设计和正确绘制零件工作图是设计过程中的一个重要环节。在课程设计中，要先绘制装配图，然后从装配图中拆画零件工作图，即零件工作图应在装配图设计之后绘制。零件工作图中零件的结构及尺寸应与装配图一致。

根据教学要求，本课程设计要求绘制 1~3 个零件的工作图。具体零件（轴、齿轮或箱体）由指导教师指定。

6.1.2 零件工作图的设计要点

1. 视 图

视图和剖面图的数量应尽量少，但必须清楚而正确地表达出零件各个部分的结构形状和尺寸。优先采用 1∶1 的比例尺。

对装配图中未曾标明的一些细小结构，如退刀槽、圆角、倒角等，在零件图中都应完整、正确地绘制、表达出来。对装配图中零件的结构，如果认为有问题时，可在保证零件工作性能的前提下，修改零件的结构。在修改零件结构的同时，也应对装配图作相应的改动。

2. 尺寸及公差标注

根据零件的设计和工艺要求，正确地选择尺寸基准，恰当地标注尺寸，不遗漏尺寸，不重复标注，且尺寸标注要便于加工。零件的结构尺寸应从装配图中得到，并与装配图保持一致，一般不得任意更改，以防止发生矛盾。另外，有一些尺寸不应从装配图上推定，而应以设计计算的结果为准，例如齿顶圆直径等。零件工作图上的自由尺寸应加以圆整。

对配合尺寸或精度要求较高的尺寸，应标注尺寸的极限偏差。自由尺寸的公差一般可不注。

3. 形位公差

根据不同要求标注零件的表面形状和位置公差。形位公差可用类比法或计算法确定，一般可凭经验类比。普通减速器零件的形位公差等级可以选择 6~8 级，重要的地方用 6 级，大多数地方采用 8 级。

4. 表面粗糙度

零件的所有表面都应注明表面粗糙度数值。遇有较多的表面采用相同的表面粗糙度数值时，为简便起见可集中标注在图纸的右下角。在能够保证正常工作的情况下，尽量选取较大的表面粗糙度数值。

5. 技术要求

技术要求是不便用规定的图形和符号表示，而在制造或检验时所必须保证的要求。技术要求的具体内容应根据该零件的相关行业标准及规范、加工方法、使用要求，并参考同类设计图纸确定。编写技术要求时，应用文字逐项说明。文字要简练、准确，避免引起误解。

6. 标题栏

应按国家标准格式在图纸的右下角画出零件图的标题栏，主要内容包括零件的名称、图号、数量、材料、比例及设计者签名等。

下面分别介绍轴、齿轮及箱体这三类零件工作图的设计要点。

6.2 轴类零件工作图的设计

1. 视 图

轴类零件的工作图一般只需要一个图，有键槽和孔的位置，可增加必要的剖面或剖视图。对于退刀槽、越程槽等，必要时应绘制局部放大图。

2. 尺寸及公差标注

轴类零件的尺寸主要是各轴段的径向和轴向尺寸。

标注径向尺寸时，不同直径段的径向尺寸均要标出，凡有配合要求处的轴径，要标注尺寸及偏差值。尺寸和偏差相同的直径应逐一标出，不得省略。偏差值按装配图中选定的配合性质从公差配合表中查出。

标注键槽的尺寸时，键槽的宽度和深度的极限偏差按 GB/T 1095—2003 的规定标注。为了检验方便，键槽深度一般应注 $d-t$ 的极限偏差(此时极限偏差取负值)。

长度尺寸的标注应注意以下要求：长度尺寸应首先根据加工工艺性选好定位基准面，合理标注，不允许出现封闭尺寸链。长度尺寸精度要求较高的轴段应直接标注，取加工误差不影响装配要求的轴段作为封闭环，其长度不标注。如图 6-1 所示，其主要基准面选择轴肩 $I-I$ 处，它是轴上大齿轮的轴向定位面，同时也影响其他零件在轴上的装配位置。只要正确地定出

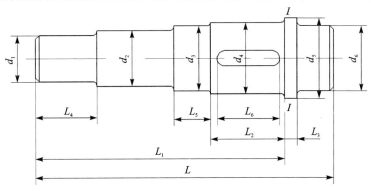

图 6-1 轴的尺寸标注

轴肩 $I-I$ 的位置，各零件在轴上的位置就能得到保证。

在普通减速器的设计中，轴的长度尺寸按自由公差处理，不必标注尺寸公差，且一般不作尺寸链的计算。

圆角、倒角也应标注，或者在技术要求中说明。

3. 形位公差

普通减速器轴类零件的形位公差可按表 6-1 选择。

表 6-1 轴类零件的形位公差选择

加工表面	形状或位置公差	公差等级
与普通精度等级滚动轴承配合的两个支承圆柱表面轴心线之间的位置精度	同轴度	6 级或 7 级
与普通精度等级滚动轴承配合的圆柱表面	圆柱度	6 级
定位端面(轴肩)	垂直度	6 级或 7 级
与齿(蜗)轮等传动零件毂孔的配合表面	径向跳动	6 级或 7 级
平键键槽宽度对轴心线的位置精度	对称度	7～9 级

4. 表面粗糙度

轴类零件的表面粗糙度可按表 6-2 选择。

表 6-2 轴的表面粗糙度 *Ra* 荐用值 μm

<table>
<tr><th>加工表面</th><th colspan="5">表面粗糙度 Ra</th></tr>
<tr><td>与传动件及联轴器等轮毂相配合的表面</td><td colspan="5">3.2～1.6</td></tr>
<tr><td>与普通级滚动轴承配合的表面</td><td colspan="5">1(d≤80)，1.6(d>80)</td></tr>
<tr><td>与传动件及联轴器相配合的轴肩端面</td><td colspan="5">6.3～3.2</td></tr>
<tr><td>与滚动轴承相配合的轴肩端面</td><td colspan="5">2(d≤80)，2.5(d>80)</td></tr>
<tr><td>平键键槽</td><td colspan="5">6.3～3.2(工作表面)，12.5(非工作表面)</td></tr>
<tr><td rowspan="4">密封处的表面</td><td colspan="2">毡圈式</td><td colspan="2">橡胶油封式</td><td>油沟及迷宫式</td></tr>
<tr><td colspan="4">与轴接触处的圆周速度/(m·s⁻¹)</td><td rowspan="3">3.2～1.6</td></tr>
<tr><td>≤3</td><td colspan="2">>3～5</td><td>>5～10</td></tr>
<tr><td>3.2～1.6</td><td colspan="2">1.6～0.8</td><td>0.8～0.4</td></tr>
</table>

5. 技术要求

轴类零件的技术要求主要包括：

① 对材料的机械性能和化学成分的要求。

② 热处理方法和要求。

③ 对图中未注明的圆角、倒角的说明，个别的修饰加工要求等。

④ 对其他加工的要求，如是否保留中心孔。

图 6-2 所示为轴的零件工作图例，供设计时参考。

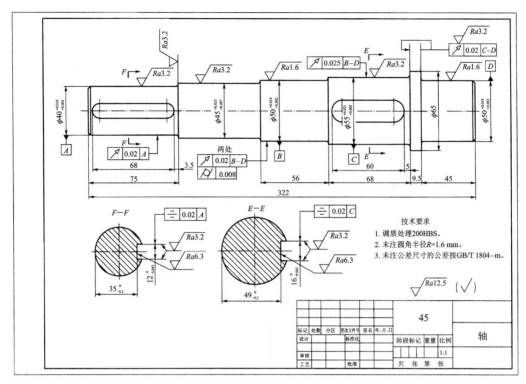

图 6-2 轴的零件工作图

6.3 齿轮类零件工作图的设计

1. 视图

齿轮类零件的工作图一般可用一个视图(附键槽的局部视图)或两个视图表示。齿轮轴和蜗杆轴的视图与轴类零件工作图相似。对组装的蜗轮,应分别画出组装前齿圈、轮芯零件图和组装后的蜗轮图。

2. 尺寸标注

齿轮为回转体,径向尺寸以中心线为基准标注,齿宽方向的尺寸以端面为基准标注。

分度圆直径虽不能直接测量,但其是设计的基本尺寸必须标注。齿顶圆的偏差值大小与其是否作为基准有关,如果以齿顶圆作为工艺基准,则应标注齿顶圆的尺寸偏差和形位公差(齿顶圆对中心线的圆跳动)。

轮毂孔是加工、测量和装配时的基准,应标出尺寸偏差及形位公差(圆柱度)。对于一般减速器,轮毂孔的尺寸精度可选基孔制 7 级。键槽尺寸及偏差按 GB/T 1095—2003 的规定标注,键槽两侧面还应标明对孔中心线的对称度。

齿轮两端面应标注形位公差(端面圆跳动、齿轮基准端面对中心线的垂直度)。

另外,轮毂直径、轮辐(或腹板)、圆角、倒角、锥度等尺寸也必须标明。

3. 啮合特性表

齿轮(蜗轮)的啮合特性表一般布置在图幅的右上角。啮合特性表的内容包括齿轮(蜗轮)的主要参数、精度等级和相应的误差检测项目等。请参阅相关齿轮精度的国家标准及有关图例。

4. 技术要求

齿轮类零件的技术要求主要包括：

① 对铸件、锻件或其他类型毛坯的要求。

② 对热处理方法、硬度的要求，如硬化层深度等。

③ 对未注明倒角、圆角的说明等。

图6-3所示为齿轮的零件工作图例，供设计时参考。

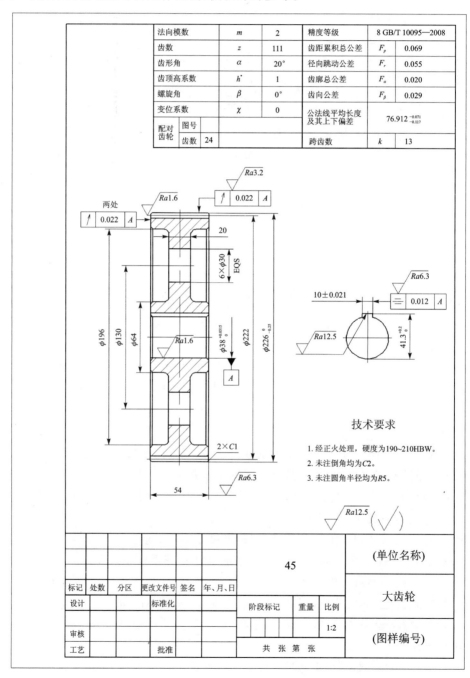

图6-3 齿轮的零件工作图

6.4 箱体类零件工作图的设计

1. 视　图

箱体(箱盖和箱座)类零件的结构比较复杂,可按箱体工作位置布置主视图,辅以左视图、俯视图及若干局部视图,表达箱体的内外结构形状。可酌情增加必要的局部剖视、剖面、向视或局部放大图等表达诸如螺纹孔、回油孔、油尺孔、销钉孔、槽等细部结构。

2. 尺寸标注

箱体尺寸分为形状尺寸和定位尺寸。形状尺寸是箱体各部分形状的尺寸,如箱体长、宽、高、壁厚、孔径及其深度,圆角半径,槽的深度,螺纹尺寸,加强肋的厚度和高度等,应按规定的标注方法直接标出。定位尺寸是箱体上各部位之间的相对位置尺寸,如相邻两地脚螺栓孔中心位置尺寸、上下箱体连接螺栓之间的距离等都需要进行标注。

设计基准与工艺基准力求一致,如箱座、箱盖高度方向的尺寸以剖分面为基准,长度方向尺寸以轴孔中心线为基准。对影响机器工作性能及零部件装配性能的尺寸应直接标出,如轴孔中心距极限偏差、嵌入式端盖其箱体沟槽外侧两端面间的尺寸等。

对重要的配合尺寸均应标注出偏差,如轴承座孔的尺寸偏差按装配图所选定的配合标注。所有圆角、倒角、拔模斜度等都必须标注或在技术要求中说明。

箱体尺寸多,应避免遗漏、重复,且不能出现封闭尺寸链。

3. 表面粗糙度和形位公差

箱体加工表面的粗糙度见表6-3。

表6-3 箱体表面粗糙度的推荐值

加工表面	表面粗糙度 $Ra/\mu m$
箱体的剖分面	1.6~3.2
与普通精度级滚动轴承配合的轴承座孔	0.8(轴承外径 $D \leqslant 80$ mm),1.6(轴承外径 $D > 80$ mm)
轴承座孔凸缘端面	3.2~6.3
箱体底平面	6.3~12.5
检查孔接合面	6.3~12.5
油沟表面	12.5
圆锥销孔	1.6~3.2
螺栓孔、沉头座表面或凸台表面 箱体上泄油孔和油标孔的外端面	6.3~12.5

箱体零件工作图应注明的形位公差推荐项目,见表6-4。

表 6-4 箱体形位公差的推荐项目

推荐项目	精度等级
轴承座孔表面的圆柱度	7
剖分面的平面度	7~8
轴承座孔轴线对端面的垂直度	7
轴承座孔轴线间的平行度	6
两轴承座孔轴线的同轴度	7

4. 技术要求

箱体零件图上的技术要求一般包括以下内容：

① 对铸件清理、表面涂漆等的要求。

② 铸件的时效处理。

③ 对铸件质量的要求，如不许有缩孔、沙眼和渗漏等现象。

④ 对未注明的倒角、圆角和铸造斜度的说明。

⑤ 箱体和箱盖组装后镗孔、定位销孔加工方式的说明。

⑥ 其他必要的说明。

第 7 章　编写设计计算说明书及答辩

设计计算说明书是产品设计的重要技术文件之一。它既是全部设计计算过程的整理总结,又是图纸设计的理论依据,也是审核设计是否合理的技术文件。因此,编写设计计算说明书是设计工作的一个重要环节。

7.1　设计计算说明书的内容

设计任务及内容不同,设计说明书的内容也不同。对于含有减速器的传动装置设计,设计计算说明书大致包括以下内容:

(1) 目录。
(2) 设计任务书(教师下发的课程设计任务书或教师指定的设计题目)。
(3) 说明书正文。
① 传动方案的分析;
② 电动机的选择;
③ 计算总传动比及传动比分配;
④ 传动装置运动及动力参数的计算;
⑤ 传动零件的设计计算;
⑥ 轴的计算;
⑦ 滚动轴承的选择和计算;
⑧ 键联接的选择和计算;
⑨ 联轴器的选择;
⑩ 减速器附件及箱座、箱盖的设计;
⑪ 润滑及密封的选择;
⑫ 参考资料;
⑬ 课程设计总结。

7.2　对设计计算说明书的要求

设计计算说明书(以下简称为说明书)应在全部设计计算及全部设计图纸完成后进行整理编写。说明书应规范、严谨,具体要求如下:

① 说明书须用蓝色或黑色笔书写,一般用 16 开纸,标出页码,编好目录,加上统一印制的封面,或者用文字处理软件按规定的格式编辑打印,最后装订成册。本课程设计说明书要求字数不少于 6 000～8 000 字。

② 说明书要求写明整个设计的主要计算过程及简要说明。应以计算内容为主(如齿轮传动的计算,轴、轴承的计算等),结构设计为辅(如轴及箱体等的详细结构设计过程无需赘述,仅

做简单说明即可)。

③ 要求数据可靠,计算正确,文字简练通顺,说明透彻,推理严谨,行段清楚,书写工整。避免使用带感情色彩的非学术性词语。

④ 对引用的重要公式或数据,应注明来源,如参考资料的名称和页码,或在引用参考资料处右上角的方括号中标注参考资料的序号。

⑤ 对计算内容只需写出计算公式,再代入数值,中间运算及修改过程不必写,最后写清计算结果,并标注单位。必要时写出结论,如强度足够、在允许范围内等。对于重要的计算结果,要使其醒目突出。计算结果要与图纸对应一致。

⑥ 说明书中还应包括有关的简图,如传动方案简图、轴的结构简图、传动件草图等。在轴的校核计算中,计算简图、受力图、弯矩图、转矩图等必须画在同一页纸上,且位置对应,标识正确。

⑦ 说明书应层次清楚,标题应简明扼要,重点突出。对每一自成单元的内容,都应有大小标题。说明书的具体格式可参考本书第 8 章课程设计示例。

⑧ 参考资料(文献)的格式:

[序号]作者.书名.出版地:出版单位,出版年份(具体可参考本教材的参考文献格式)。

⑨ 封面的具体格式如图 7-1 所示。

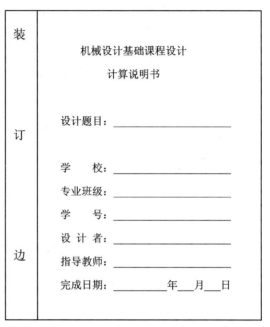

图 7-1 设计计算说明书封面格式

7.3 整理技术文件

课程设计的技术文件包括设计任务书、设计计算说明书及图纸。图纸折叠应便于打开,一般应将图纸叠成 A4 幅面大小,标题栏露在外面;说明书按顺序装订好,装入档案袋内,并在档案袋的底部贴上标签。

图纸的折叠方法如图 7-2 所示。

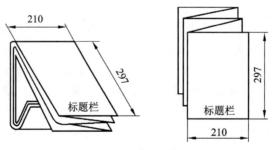

图 7-2 图纸的折叠方法

档案袋封面及底部标签的写法参见图7-3及图7-4。

```
机械设计基础课程设计
设计题目 _____
内装 1._____
     2._____
     3._____
     4._____
专业班级：_____
设计者：_____
学  号：_____
指导教师：_____
完成日期：____年__月__日
成绩：_____
（校          名）
```

班级____ 学号____ 学生姓名_____ 成绩___

图7-3 档案袋封面书写格式　　　　图7-4 档案袋底部标签书写格式

7.4 课程设计的总结与答辩

总结与答辩是课程设计的最后一个环节，是对整个设计过程的系统总结与评价。

学生本人要全面、系统地回顾整个设计过程，总结、检查自己的全部工作，对设计过程进行全面的分析和评价。课程设计总结的主要内容有：总体方案分析；传动件的设计分析；装配图设计分析；轴系结构设计；轴、键连接的强度计算，轴承的寿命计算；箱体结构及附件设计；零件工作图的尺寸及偏差确定及标注；课程设计的收获及需要进一步改进的地方。通过总结，提高分析和解决工程实际设计问题的能力。

总结应以书面形式订在设计计算说明书的最后，以便老师查阅。

大多采用答辩小组面对单个学生的方式答辩。答辩的提问范围一般涵盖设计方法、步骤、设计计算说明书和图纸所涉及的内容。问题主要涉及计算原理、结构设计、查取的数据、视图、尺寸标注、公差与配合等方面。

第 8 章　课程设计示例

8.1　课程设计计算说明书

8.1.1　设计计算说明书封面

机械设计基础课程设计

计算说明书

设　计　题　目：_____

学　　　　校：_____
专　业　班　级：_____
设　计　　者：_____
学　　　　号：_____
指　导　教　师：_____
完　成　日　期：_____年_____月_____日

8.1.2 课程设计任务书

（学 校 名 称）

机械设计基础课程设计任务书

专业班级_____ 姓名_____ 学号_____ 设计题号_____

1. 设计题目

带式输送机传动装置中的单级圆柱齿轮减速器

2. 传动简图

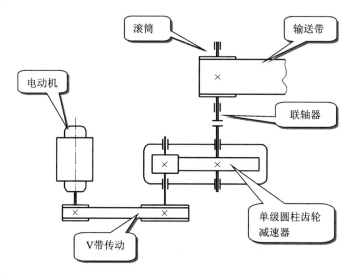

3. 原始数据

题 号	1	2	3	4	5	6	7	8
F/N	3 000	2 900	2 600	2 500	2 000	3 000	2 500	1 300
$v(\mathrm{m \cdot s^{-1}})$	1.5	1.4	1.6	1.5	1.6	1.5	1.6	1.5
D/mm	400	400	450	450	300	320	300	250

表中：F——输送带工作拉力；v——输送带速度；D——滚筒直径。

4. 工作条件

两班制连续单向运转，载荷轻微变化，空载起动，使用期限10年。小批量生产。输送带速度允许误差为±5%。

5. 设计工作量

① 编写设计计算说明书1份。
② 绘制减速器装配图1张。
③ 绘制减速器低速轴及齿轮零件图各1张。

开始日期：_____年____月____日 完成日期：_____年____月____日
指导教师：_____ 教研室主任：_____

8.1.3 设计计算说明书目录示例[①]

目　　录

一、传动方案分析……………………………………………………………………页码

二、电动机的选择……………………………………………………………………页码

三、计算总传动比及传动比分配……………………………………………………页码

四、运动和动力参数计算……………………………………………………………页码

五、传动零件的设计计算……………………………………………………………页码

六、轴的设计计算……………………………………………………………………页码

七、滚动轴承的寿命计算……………………………………………………………页码

八、键连接的选择及校核……………………………………………………………页码

九、联轴器的选择……………………………………………………………………页码

十、减速器附件及箱座箱盖的设计…………………………………………………页码

十一、润滑与密封的选择……………………………………………………………页码

十二、参考资料………………………………………………………………………页码

十三、课程设计总结…………………………………………………………………页码

8.1.4 设计计算说明书正文示例

一、传动方案分析

根据任务书的要求,设计题目为带式输送机的传动装置,主要设计单级圆柱齿轮减速器。本设计方案中原动机为电动机,工作机为带式输送机。由于输送带速度不高,传动方案采用了 V 带传动及闭式单级圆柱齿轮减速器两级串联降速传动系统。

V 带传动布置在传动的高速级可以降低传递的转矩,减小带传动的结构尺寸,有过载保护的优点,可缓和冲击和振动。低速级采用闭式单级圆柱齿轮减速器,具有传动效率高、寿命较长、结构简单、成本低、使用维护方便等特点。因此本传动方案合理。

二、电动机的选择

1. 电动机类型的选择

按照已知的动力源和工作条件选用 Y 系列三相异步电动机。

注:本节所用的效率、电机功率计算公式和有关数据皆引自参考资料[××]P××~××。

2. 确定电动机功率

(1) 传动装置的总效率

[①] 本章以下各节中的示例均选自带式输送机传动装置设计,主要为其中的单级圆柱齿轮减速器设计。为达到设计训练的目的,各节所选的示例不是取自任务书的同一题号。同时为减少本书的篇幅,课程设计说明书示例中的绝大多数内容只是纲要性的,供设计时参考使用。

$$\eta_{总} = \eta_{带} \times \eta_{轴承}^3 \times \eta_{闭式齿轮} \times \eta_{联轴器} \times \eta_{滚筒}$$

查参考资料[××]表×-×可得各部分效率为：

$$\eta_{带}=0.96，\quad \eta_{轴承}=0.99，\quad \eta_{齿轮}=0.97，\quad \eta_{联轴器}=0.99，\quad \eta_{滚筒}=0.96$$

则

$$\eta_{总} = \eta_{带} \times \eta_{轴承}^3 \times \eta_{齿轮} \times \eta_{联轴器} \times \eta_{滚筒} = 0.96 \times 0.99^3 \times 0.97 \times 0.99 \times 0.96 = 0.859$$

(2) 所需电动机的输出功率

$$P_d = \frac{Fv}{1\,000\,\eta_{总}} = \frac{2\,000 \text{ N} \times 1.6 \text{ m/s}}{1\,000 \times 0.859} = 3.725 \text{ kW}$$

3. 确定电动机转速

滚筒工作转速：

$$n_{筒} = \frac{60 \times 1\,000\,v}{\pi D} = \frac{60 \times 1\,000 \times 1.6}{\pi \times 300} = 101.859 \text{ r/min}$$

根据推荐的合理传动比范围，取V带传动比 $i_{带}=2\sim4$；取单级圆柱齿轮减速器传动比范围 $i_{齿轮}=3\sim5$，则总传动比范围为 $i=6\sim20$，故电动机转速的可选范围为

$$n_d' = i \times n_{筒} = (6\sim20) \times 101.859 \text{ r/min} = 611.154 \sim 2\,037.18 \text{ r/min}$$

可知符合这一转速范围的电动机同步转速有 750 r/min、1 000 r/min、1 500 r/min 三种。

4. 确定电动机型号

根据以上选用的电动机类型，所需的额定功率及转速可查参考资料[××]表×-×，综合考虑电动机和传动装置尺寸、重量、价格和带传动、减速器的传动比，确定电动机型号为 Y132M1—6，其主要数据列表如下：

项目	参数	项目	参数
电动机型号	Y132M1—6	机座中心高 H	132 mm
额定功率 P_{ed}	4 kW	轴伸出端直径 D	38 mm
满载转速 n	960 r/min	轴伸出端长度 E	80 mm

三、计算总传动比及传动比分配

1. 总传动比计算

$$i_{总} = n_{电机}/n_{筒} = 960/101.859 = 9.425$$

2. 各级传动比的分配

根据 $i_{带} < i_{减速器}$：

① 取 $i_{带}=3$；

② $i_{减速器} = i_{总}/i_{带} = 9.425/3 = 3.142$（单级减速器 $i=3\sim5$ 合理）。

四、运动和动力参数计算

1. 计算各轴转速

O轴（电动机轴、V带高速轴）：$n_O = n_{电机} = 960$ r/min

Ⅰ轴（减速器高速轴、V带低速轴）：$n_Ⅰ = n_{电机}/i_{带} = \dfrac{960 \text{ r/min}}{3} = 320$ r/min

Ⅱ轴（减速器低速轴）：$n_Ⅱ = n_Ⅰ/i_{减速器} = \dfrac{320 \text{ r/min}}{3.142} = 101.846$ r/min

W轴（滚筒轴）：$n_W = n_Ⅱ = 101.846$ r/min

2. 计算各轴的输入功率

O 轴：$P_d = 3.725 \text{ kW}$

Ⅰ 轴：$P_\text{Ⅰ} = P_d \eta_\text{带} = 3.725 \text{ kW} \times 0.96 = 3.576 \text{ kW}$

Ⅱ 轴：$P_\text{Ⅱ} = P_\text{Ⅰ} \eta_\text{轴承} \eta_\text{齿轮} = 3.576 \text{ kW} \times 0.99 \times 0.97 = 3.434 \text{ kW}$

W 轴：$P_\text{W} = P_\text{Ⅱ} \eta_\text{轴承} \eta_\text{联轴器} = 3.434 \text{ kW} \times 0.99 \times 0.99 = 3.366 \text{ kW}$

3. 计算各轴的输入转矩

O 轴：$T_\text{Ⅰ} = 9\,550\, P_d / n_\text{O} = 9\,550 \times 3.725 / 960 = 37.056 \text{ N·m}$

Ⅰ 轴：$T_\text{Ⅰ} = 9\,550\, P_\text{Ⅰ} / n_\text{Ⅰ} = 9\,550 \times 3.576 / 320 = 106.721 \text{ N·m}$

Ⅱ 轴：$T_\text{Ⅱ} = 9\,550\, P_\text{Ⅱ} / n_\text{Ⅱ} = 9\,550 \times 3.434 / 101.846 = 322.003 \text{ N·m}$

W 轴：$T_\text{W} = 9\,550\, P_\text{W} / n_\text{W} = 9\,550 \times 3.366 / 101.846 = 343.195 \text{ N·m}$

4. 各轴的运动和动力参数列表

各轴的运动和动力参数表

轴 名	功率 P/kW	转矩 $T/(\text{N·m})$	转速 $n/(\text{r·min}^{-1})$	传动比 i
O 轴	3.725	37.056	960	3
Ⅰ 轴	3.576	106.721	320	3.142
Ⅱ 轴	3.434	322.003	101.846	1
W 轴	3.366	343.195	101.846	

五、传动零件的设计计算

1. 普通 V 带传动的设计计算

原动机为 Y132M1—6 型电动机，要求电动机的输出功率 $P_d = 3.725 \text{ kW}$，满载转速 $n_\text{O} = 960 \text{ r/min}$，小带轮安装在电机轴上，V 带的传动比 $i = 3.142$，两班制连续单向运转，载荷轻微变化，空载起动，使用期限 10 年。

（1）确定计算功率

由于载荷轻微变化，每天两班制工作，查参考资料[××]表×-×，取带传动工作情况系数 $K_\text{A} = 1.2$，求得计算功率为

$$P_c = K_\text{A} P_d = 1.2 \times 3.725 = 4.47 \text{ kW}$$

（2）选择 V 带型号

根据求得的计算功率 $P_c = 4.47 \text{ kW}$ 及转速 $n_\text{O} = 960 \text{ r/min}$，查图×-×，选择带型号为 A 型。

（3）确定带轮直径

查表×-×，并参考图×-×，取小带轮直径 $d_{d1} = 112 \text{ mm}$，则大带轮直径

$$d_{d2} = i_\text{带} d_{d1} = 3 \times 112 \text{ mm} = 336 \text{ mm}$$

取 $d_{d2} = 355 \text{ mm}$。

（4）核算带速

$$v = \pi d_{d1} n_\text{O}/60\,000 = \pi \times 112 \times 960/60\,000 = 5.63 \text{ m/s}$$

因为 $5 \text{ m/s} < v < 25 \text{ m/s}$，故带速 v 符合要求。

（5）确定带的长度

初步确定中心距，根据 $0.7(d_{d1} + d_{d2}) < a_0 < 2(d_{d1} + d_{d2})$，得 $326.9 \text{ mm} < a_0 < 934 \text{ mm}$，取

$a_0 = 600$ mm,则

$$L_0 = 2a_0 + \frac{\pi(d_{d1} + d_{d2})}{2} + \frac{(d_{d2} - d_{d1})^2}{4a_0} =$$
$$2 \times 600 + \frac{\pi(112 + 355)/2 + (355 - 112)^2}{4 \times 600} = 1\,958.017 \text{ mm}$$

查表×-×,选取基准长度 $L_d = 2\,000$ mm。

(6) 确定中心距

$$a = a_0 + \frac{L_d - L_0}{2} = 600 + \frac{2\,000 - 1958.017}{2} = 621 \text{ mm}$$

中心距的调节范围：

$$a_{\min} = a - 0.015 L_d = 621 - 0.015 \times 2\,000 = 651 \text{ mm}$$
$$a_{\max} = a + 0.03 L_d = 621 + 0.03 \times 2\,000 = 681 \text{ mm}$$

(7) 校核小带轮的包角

$$\alpha_1 = 180° - \frac{(d_{d2} - d_{d1}) \times 57.3°}{a} = 180° - \frac{(355 - 112) \times 57.3°}{621} = 157.578° > 120°$$

(8) 确定带的根数 Z

查表×-×,单根 V 带传递功率 $P_0 = 1.16$ kW,查表×-×,得传递功率增量 $\Delta P_0 = 0.119$ kW,由表×-×,查得包角修正系数 $K_\alpha = 0.94$,查表×-×,长度修正系数 $K_L = 1.03$,则普通 V 带的根数为

$$Z \geqslant \frac{P_c}{(P_0 + \Delta P_0) K_\alpha K_L} = \frac{4.47}{(1.16 + 0.119) \times 0.94 \times 1.03} = 3.61$$

取 $Z = 4$ 根。

(9) 计算单根 V 带的初拉力 F_0

查表×-×,得 A 型 V 带的单位长度质量 $q = 0.10$ kg/m,所以单根 V 带的初拉力为

$$F_0 = \frac{500 P_c \left(\frac{2.5}{K_\alpha} - 1\right)}{ZV} + qv^2 = \frac{500 \times 4.47 \times (2.5/0.94 - 1)}{4 \times 5.63} + 0.10 \times 5.63^2 = 167.874 \text{ N}$$

(10) 计算压轴力 F_Q

$$F_Q = 2ZF_0 \sin(\alpha_1/2) = 2 \times 4 \times 167.847 \times \sin(157.578°/2) = 1\,317.153 \text{ N}$$

(11) V 带轮结构设计

由表×-×,带轮轮缘的宽度

$$B = (Z - 1)e + 2f = (4 - 1) \times 15 + 2 \times 10 = 65 \text{ mm}$$

其余结构尺寸(略)。

V 带传动的主要参数列表如下。

项　目	参　数	项　目	参　数
V 带标记	A2000　GB 13575.1—2008	传动比	$i_{带} = 3.17$
V 带根数	$Z = 4$	中心距	$a = 621$ mm
小带轮基准直径	$d_{d1} = 112$ mm	初拉力	$F_0 = 167.874$ N
大带轮基准直径	$d_{d2} = 355$ mm	压轴力	$F_Q = 1\,317.153$ N

2. 圆柱齿轮传动的设计计算及结构设计[①]

① 选择齿轮的材料、精度等级、热处理方法、齿面硬度及表面粗糙度。

② 按齿面接触疲劳强度设计。

③ 校核齿根弯曲疲劳强度。

④ 几何尺寸计算。

⑤ 齿轮的结构设计。

3. 输送带速度允许误差的计算

六、轴的设计计算

1. 轴的材料、热处理方法及其许用应力的确定

2. 按扭转强度估算轴的直径

3. 轴承的选择

4. 轴的结构设计

① 低速轴的结构设计；

② 高速轴的结构设计（步骤与低速轴类同）。

5. 轴的强度计算

① 求出齿轮的受力 F_t、F_r、F_a；

② 作出轴的空间受力简图；

③ 作出水平平面的受力图，求解水平平面的支反力；

④ 求出水平平面的弯矩，绘制水平平面的弯矩图；

⑤ 作出垂直平面的受力图，求解垂直平面的支反力；

⑥ 求出垂直平面的弯矩，绘制垂直平面的弯矩图；

⑦ 作出合成弯矩图；

⑧ 作出扭矩图；

⑨ 绘出当量弯矩图；

⑩ 核算危险截面强度（选定两个危险截面，按弯扭合成的受力状态对轴进行强度校核）。

七、滚动轴承的寿命计算

1. 查表确定轴承的基本额定动载荷 C

2. 求出轴承所受的径向力及轴向力

3. 计算当量动载荷 P

4. 核算轴承的寿命 L_h

八、键联接的选择及校核

1. 确定键的类型

2. 计算键的尺寸 $b \times h \times L$

3. 校核键连接的强度

九、联轴器的选择

1. 确定联轴器的类型

---

① 以下略去数据的选择、计算公式、计算结果及图表，仅列出标题。具体设计计算及结构设计的方法、步骤均可参考机械设计基础教材的有关内容。

2. 计算转矩
3. 查表选用联轴器

十、减速器附件及箱座箱盖的设计

1. 减速器附件的设计

名　　称	功　用	数　量	材　料	规格或参数
轴承盖				
油封				
窥视孔				
视孔盖				
挡油环				
通气器				
定位销				
油标尺				
放油油塞				
起盖螺钉				
起吊装置				
螺栓				
螺母				
弹性垫圈				

2. 箱座与箱盖的设计

名　　称	计算公式	尺寸计算
箱座厚度 δ		
箱盖厚度 δ_1		
箱盖凸缘厚度		
箱座凸缘厚度		
箱座底凸缘厚度		
箱座及箱盖加强筋厚度		
地脚螺栓直径 d_f		
地脚螺栓数目		
轴承旁连接螺栓直径 d_1		
箱座及箱盖连接螺栓直径		
轴承端盖螺钉直径 d_2		
视孔盖螺钉直径		
定位销直径		

续表

名　称	计算公式	尺寸计算
d_f、d_1、d_2 至外箱壁的距离		
d_f、d_2 至凸缘边缘的距离		
轴承座外径		
轴承旁连接螺栓的距离		
轴承旁凸台半径		
轴承旁凸台高度		
箱盖厚、箱座厚		
大齿轮顶圆与箱内壁间距离		
齿轮端面与箱内壁距离		

十一、润滑与密封的选择

1. 润滑

① 齿轮的润滑；

② 滚动轴承的润滑；

③ 润滑油的选择及油量。

2. 密封

十二、参考资料

十三、课程设计总结

课程设计总结应从方案分析、强度计算、结构设计和加工工艺等各个方面分析所做设计（图纸、说明书）的优缺点，以及设计中遇到的问题、解决方法和需要进一步改进的地方。通过总结，提高分析和解决工程实际设计问题的能力。

（课程设计总结页）

8.2 减速器装配图

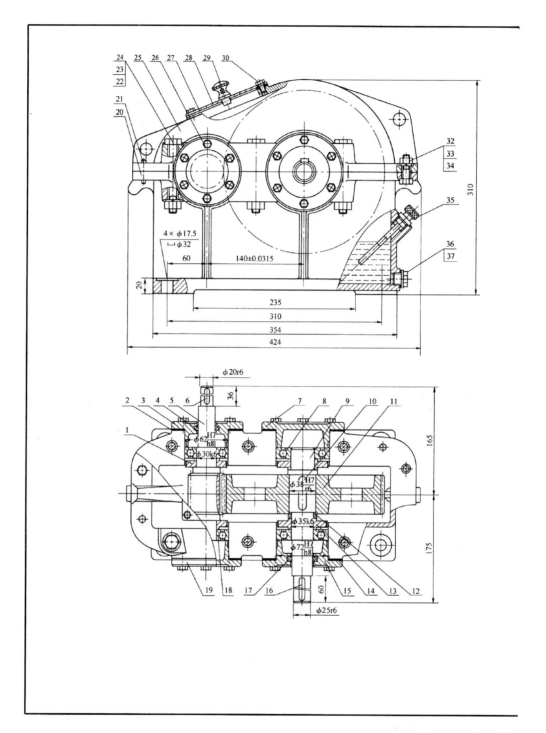

图 8-1 减速器装配图

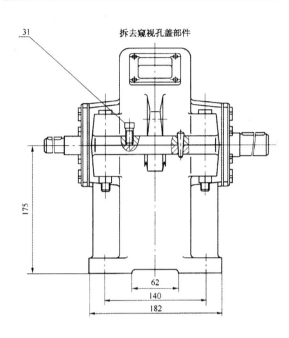

拆去窥视孔盖部件

技术特性

输入功率/kW	输入转速/(r/min)	传动比
3.9	572	4.385

技术要求

1. 装配前，应将所有零件清洗干净，机体内壁涂防锈油漆。
2. 装配后，应检查齿轮齿侧间隙 $j_{bnmin}=0.13mm$。
3. 检验齿面接触斑点，按齿高方向，较宽的接触区 h_{c1} 不少于 50%，较窄的接触区 h_{c2} 不少于 30%；按齿长方向，较宽、较窄的接触区 b_{c1} 与 b_{c2} 均不少于 50%。
4. 固定调整轴承时，应留轴向间隙 0.2～0.3mm。
5. 减速器的机体、密封处及剖分面不得漏油。剖分面可以涂密封漆或水玻璃，但不得使用垫片。
6. 机座内装 L－AN68 润滑油至规定高度。轴承用ZN-3钠基脂润滑。
7. 机体表面涂灰色油漆。

序号	名称	数量	材料	标准	备注
37	螺塞 M18×15	1	Q235A	JB/ZQ 4450—1986	
36	垫片	1	石棉橡胶纸		
35	油标尺 M12	1	Q235A		
34	垫圈 10	2	65Mn	GB/T 93—1987	
33	螺母 M10	2		GB/T 6170—2000	
32	螺栓 M10×35	2		GB/T 5782—2000	
31	螺栓 M10×35	1		GB/T 5782—2000	
30	螺栓 M5×16	4		GB/T 5782—2000	
29	通气器	1	Q235A		
28	窥视孔盖	1	Q235A		
27	垫片	1	石棉橡胶纸		
26	螺栓 M8×25	24		GB/T 5782—2000	
25	箱盖	1	HT200		
24	螺栓 M12×100	6		GB/T 5782—2000	
23	螺母 M12	6		GB/T 6170—2000	
22	垫圈 12	6	65Mn	GB/T 93—1987	
21	销 6×30	2	35	GB/T 117—2000	
20	箱座	1	HT200		
19	轴承端盖	1	HT200		
18	滚动轴承 6206	2		GB/T 276—1994	
17	毡圈 30	1	半粗羊毛毡	JB/ZQ 4606—1986	
16	键 8×56	1	45	GB/T 1096—2003	
15	轴承端盖	1	HT200		
14	调整垫片	2 组	08F		成组
13	挡油环	2	Q235A		
12	套筒	1	Q235A		
11	大齿轮 $m=2, z=114$	1	45		
10	键 10×45	1	45	GB/T 1096—2003	
9	轴	1	45		
8	滚动轴承 6207	2		GB/T 276—1994	
7	轴承端盖	1	HT200		
6	键 6×28	1	45	GB/T 1096—2003	
5	齿轮轴 $m=2, z=26$	1	45		
4	毡圈 25	1	半粗羊毛毡	JB/ZQ 4606—1986	
3	轴承端盖	1	HT200		
2	调整垫片	2 组	08F		成组
1	挡油环	2	Q235A		

（标题栏）

8.3 减速器零件图

8.3.1 低速轴零件图示例

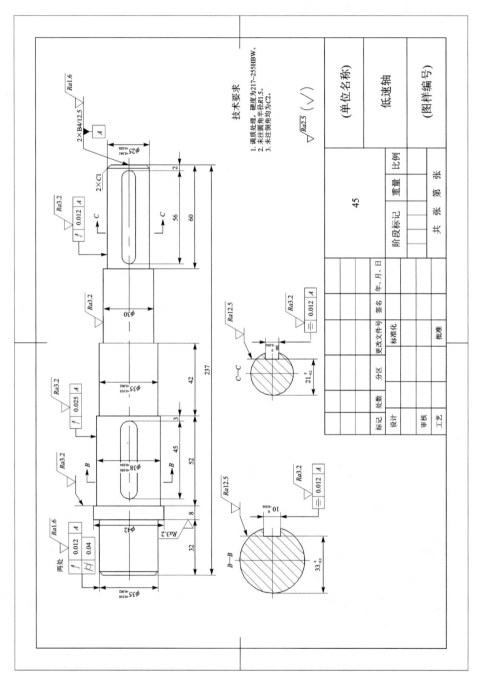

图 8-2 低速轴零件图

8.3.2　大齿轮零件图示例

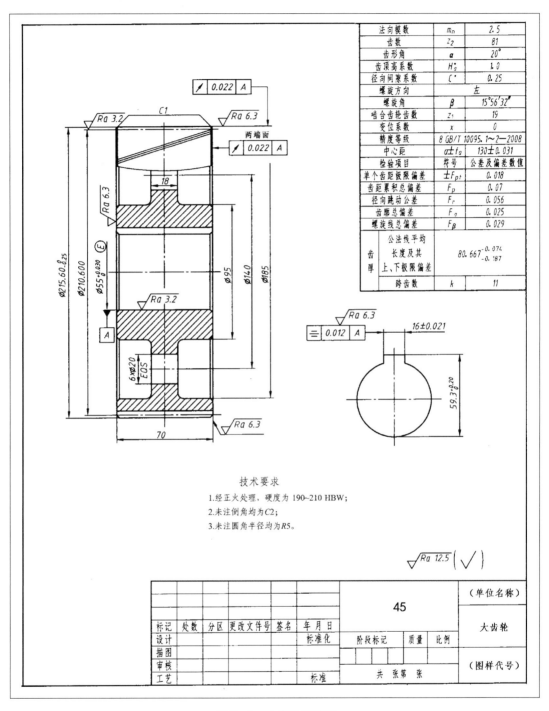

法向模数	m_n	2.5
齿数	z_2	81
齿形角	α	20°
齿顶高系数	h_a^*	1.0
径向间隙系数	c^*	0.25
螺旋方向		左
螺旋角	β	15°56′32″
啮合齿轮齿数	z_1	19
变位系数	x	0
精度等级		8 GB/T 10095.1～2—2008
中心距	$a\pm f_a$	130±0.031
检验项目	符号	公差及偏差数值
单个齿距极限偏差	$\pm F_{pt}$	0.018
齿距累积总偏差	F_p	0.07
径向跳动公差	F_r	0.056
齿廓总偏差	F_α	0.025
螺旋线总偏差	F_β	0.029
齿厚 公法线平均长度及其上、下极限偏差		$80.667^{-0.074}_{-0.187}$
齿厚 跨齿数	k	11

技术要求

1.经正火处理，硬度为 190~210 HBW；

2.未注倒角均为 $C2$；

3.未注圆角半径均为 $R5$。

$\sqrt{Ra\ 12.5}$ ($\sqrt{}$)

						45		（单位名称）
标记	处数	分区	更改文件号	签名	年 月 日			大齿轮
设计					标准化	阶段标记	质量	比例
描图								
审核								（图样代号）
工艺					标准	共 张第 张		

图 8-3　大齿轮零件图

第9章 课程设计任务书与成绩评定

9.1 课程设计任务书

9.1.1 机械设计基础课程设计任务书Ⅰ

（学校名称）

机械设计基础课程设计任务书

专业班级_____姓名_____学号_____设计题号_____

设计题目：

带式输送机传动装置中的单级圆柱齿轮减速器设计

传动简图：

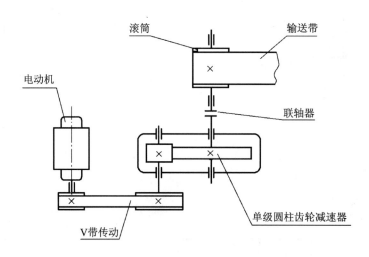

工作条件：

两班制连续单向运转,载荷轻微变化,空载起动,使用期限10年。小批量生产。输送带速度允许误差为±5%。

原始数据：

题　号	1	2	3	4	5	6	7	8	9	10
$v/(m \cdot s^{-1})$	1.4	1.6	1.5	1.3	1.2	1.85	1.7	1.75	1.95	2.0
F/kN	2.3	2.0	2.2	2.4	2.5	2.4	2.6	2.5	2.3	2.2
D/mm	350	400	350	300	300	450	400	400	450	450
题　号	11	12	13	14	15	16	17	18	19	20
$v/(m \cdot s^{-1})$	1.8	1.6	1.6	1.8	1.7	0.8	0.7	0.9	0.65	0.75
F/kN	2.5	2.8	2.7	2.4	2.6	7	8.2	6.5	8.5	7.5
D/mm	450	400	400	450	400	350	400	350	300	400
题　号	21	22	23	24	25	26	27	28	29	30
$v/(m \cdot s^{-1})$	1.5	1.6	1.7	1.5	1.55	1.6	1.55	1.65	1.7	1.8
F/kN	1.1	1.15	1.2	1.25	1.3	1.35	1.45	1.5	1.5	1.6
D/mm	250	260	270	240	250	260	250	260	280	300
题　号	31	32	33	34	35	36	37	38	39	40
$v/(m \cdot s^{-1})$	1.1	1.2	1.3	1.1	1.2	1.3	1.1	1.2	1.3	1.3
F/kN	5	5	5	5	6	6	7	7	7	8
D/mm	180	180	180	200	200	200	220	220	220	250

表中：F——输送带工作拉力；v——输送带速度；D——滚筒直径。

设计工作量：

1. 编写设计计算说明书 1 份
2. 绘制减速器装配图 1 张
3. 绘制零件工作图 1～3 张

开始日期：＿＿＿＿＿年＿＿月＿＿日
完成日期：＿＿＿＿＿年＿＿月＿＿日
指导教师：＿＿＿＿＿＿＿＿＿＿
教研室主任：＿＿＿＿＿＿＿＿＿＿

9.1.2　机械设计基础课程设计任务书Ⅱ

（学　校　名　称）

机械设计基础课程设计任务书

　　专业班级＿＿＿＿＿＿姓名＿＿＿＿＿＿学号＿＿＿＿＿＿设计题号＿＿＿＿＿

设计题目：
螺旋式输送机传动装置中的单级圆柱齿轮减速器设计

传动简图：

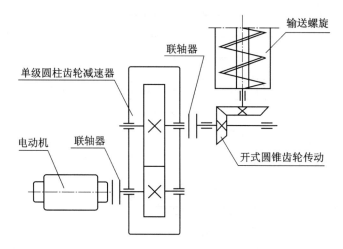

工作条件：螺旋式输送机输送粉状物料（如面粉、糖、谷物），单向运转，载荷稳定，空载起动，两班制工作，使用期限10年。小批量生产。输送带速度允许误差为±5%。

原始数据：

题 号	1	2	3	4	5	6	7	8
$T/(N \cdot m)$	700	720	750	780	800	820	850	880
$n/(r \cdot min^{-1})$	155	150	145	140	135	130	125	120

表中：T——输送机工作轴转矩，n——输送机工作轴转速。

设计工作量：

1. 绘制减速器装配图1张
2. 绘制零件工作图1～2张
3. 编写设计计算说明书1份

开始日期：_____年___月___日
完成日期：_____年___月___日
指导教师：_____
教研室主任：_____

9.1.3 机械设计基础课程设计任务书Ⅲ

（学 校 名 称）

机械设计基础课程设计任务书

专业班级_____姓名_____学号_____设计题号_____

设计题目：
带式输送机传动装置中的蜗杆减速器设计

传动简图：

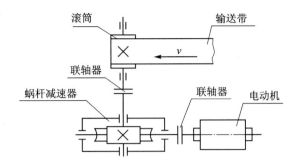

原始数据：

题 号	1	2	3	4	5	6	7	8	9	10
F/kN	2.2	2.3	2.4	2.5	2.3	2.4	2.5	2.3	2.4	2.5
$v/(\text{m}\cdot\text{s}^{-1})$	1	1	1	1.1	1.1	1.1	1.1	1.2	1.2	1.2
D/mm	380	390	400	400	410	420	390	400	410	420

表中：F——输送带工作拉力；V——输送带速度；D——滚筒直径。

工作条件：

两班制连续单向运转，载荷较平稳，空载起动，使用期限 8 年。输送带速度允许误差为 ±5%。

设计工作量：

1. 绘制减速器装配图 1 张
2. 绘制零件工作图 1～2 张
3. 编写设计计算说明书 1 份

开始日期：_____年____月____日
完成日期：_____年____月____日
指导教师：_____
教研室主任：_____

9.1.4 机械设计基础课程设计任务书 Ⅳ

（学 校 名 称）

机械设计基础课程设计任务书

专业班级_____姓名_____学号_____设计题号_____

设计题目：
带式输送机传动装置中的二级圆柱齿轮减速器设计

传动简图：

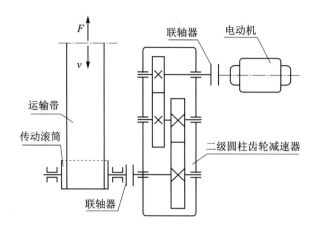

工作条件：

带式输送机单班制连续工作，单向运转，载荷轻微变化，空载起动，使用期限 10 年。小批量生产。输送带速度允许误差为 ±5%。

原始数据：

题　号	1	2	3	4	5	6	7	8	9	10
F/kN	1.9	1.8	1.6	2.2	2.3	2.4	2.5	1.9	2.2	2.0
$v/(\mathrm{m \cdot s^{-1}})$	1.3	1.35	1.4	1.45	1.5	1.3	1.35	1.45	1.5	1.55
D/mm	250	260	270	280	380	300	250	260	270	280

表中：F——输送带工作拉力；V——输送带速度；D——滚筒直径。

设计工作量：

1. 绘制减速器装配图 1 张
2. 绘制零件工作图 1～2 张
3. 编写设计计算说明书 1 份

开始日期：＿＿＿＿＿＿年＿＿＿月＿＿＿日

完成日期：＿＿＿＿＿＿年＿＿＿月＿＿＿日

指导教师：＿＿＿＿＿＿＿＿＿＿＿

教研室主任：＿＿＿＿＿＿＿＿＿＿

9.1.5　机械设计基础课程设计任务书 Ⅴ

（学　校　名　称）

机械设计基础课程设计任务书

专业班级＿＿＿＿＿＿＿姓名＿＿＿＿＿＿＿学号＿＿＿＿＿＿＿设计题号＿＿＿＿＿

设计题目：

链式输送机传动装置中的单级圆锥齿轮减速器设计

传动简图:

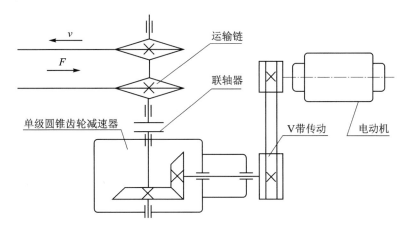

工作条件:

链式输送机载荷稳定,单向连续运转,空载起动,两班制工作,使用期限15年。小批量生产。输送链工作速度允许误差为±5%。

原始数据:

题 号	1	2	3	4	5	6	7	8
F/kN	2.8	3.5	4.0	2.5	4.5	3.0	6.0	5.0
$v/(\text{m}\cdot\text{s}^{-1})$	0.80	0.90	0.95	0.75	1.00	0.85	0.85	0.80
D/mm	125	135	140	120	135	130	125	130

表中:F——输送链牵引力,V——输送链速度,D——输送链轮节圆直径。

设计工作量:

1. 绘制减速器装配图1张
2. 绘制零件工作图1~2张
3. 编写设计计算说明书1份

开始日期:_____年____月____日
完成日期:_____年____月____日
指导教师:_____
教研室主任:_____

9.2 课程设计成绩评定

课程设计成绩的评定应以设计计算说明书、设计图纸和在答辩过程中回答问题的情况为依据,并结合设计过程中的表现进行评定。课程设计成绩采用五级分制:优、良、中、及格、不及格。评定后的成绩记入学生成绩档案。对成绩不及格的学生需要按重修处理。

1. 课程设计成绩的评定

评定课程设计成绩时应综合考量的因素及所占的比例如下:

① 纪律表现(10%);

② 独立设计工作能力,工作态度(20%);

③ 设计图纸(结构20%,图面质量15%);

④ 设计计算说明书的质量(15%);

⑤ 答辩的成绩(20%)。

2. 课程设计成绩评分标准

一般情况下各等级的评分标准如下:

(1) 成绩"优秀(90~100分)"的标准

① 学习态度认真,具有一定的独立工作能力;能按照进度要求独立完成设计任务。

② 设计图纸质量好,结构正确;设计计算说明书内容完整,书写规范工整。

③ 答辩时不经提示能正确回答提问,有个别非原则性问题经提示能正确回答。

④ 整个过程学习纪律好。

(2) 成绩"良好(80~89分)"的标准

① 学习态度认真,有一定的独立工作能力,能按照进度要求完成设计任务。

② 结构正确;设计图纸及设计计算说明书内容完整,但不够规范、工整;有少量一般性错误,但无大错。

③ 答辩时能正确回答提问,虽有多个错误,但经提示对原则性问题皆能回答,但仍有个别一般性错误。

④ 遵守纪律,无迟到、早退及旷课现象。

(3) 成绩"中等(70~79分)"的标准

① 学习态度比较认真,能完成所规定的设计任务;独立工作能力不强,对教师(或同学)有一定程度的依赖。

② 结构基本正确,设计图纸质量一般;设计计算说明书内容基本完整,有个别原则性错误和若干一般性错误。

③ 答辩时基本能回答老师的提问,回答中有个别原则性错误和多个一般性错误。

④ 学习纪律较好,有迟到、早退现象,无旷课。

(4) 成绩"及格(60~69分)"的标准

① 学习态度不够认真,或虽认真但因基础差等原因而仅能基本上完成设计任务。

② 图纸质量差,结构错误较多;设计计算说明书内容不完整,有原则性错误和多个一般性错误。

③ 答辩中不能很好地回答问题,回答中有少数原则性错误和多个一般性错误。

④ 多次迟到、早退,甚至有旷课现象。

(5) 成绩"不及格(59分以下)"的标准

① 未能完成规定的设计任务。

② 设计质量差,图纸及说明书内容不全,有若干各原则性错误或相当数量的一般性错误。

③ 答辩时不能回答提问,错误多,还有多个原则性错误,经提示还不能正确回答。

需要特别指出:若存在如下现象之一者,按不及格处理。

① 无故不参加课程设计或缺勤累计三天以上者。

② 学习纪律差,迟到、早退累计达考勤数一半以上者。

③ 抄袭他人设计者。

④ 无正当理由拒不参加答辩者。

第 10 章　机械设计常用标准和规范

10.1　标准代号

表 10－1　国内部分标准代号

代　号	名　称	代　号	名　称	代　号	名　称
FJ	原纺织工业标准	HB	航空工业标准	QC	汽车行业标准
FZ	纺织行业标准	HG	化学工业行业标准	SY	石油天然气行业标准
GB	强制性国家标准	JB	机械工业行业标准	SH	石油化工行业标准
GBn	国家内部标准	JB/ZQ	原机械部重型矿山机械标准	YB	钢铁冶金行业标准
GBJ	国家工程建设标准	JT	交通行业标准	YS	有色冶金行业标准
GJB	国家军用标准	QB	原轻工行业标准	ZB	原国家专业标准

注：在代号后加“/T”为推荐性技术文件，在代号后加“/Z”为指导性技术文件。

表 10－2　国外部分标准代号

代　号	名　称	代　号	名　称
ANSI(前 ASA、USASI)	美国国家标准学会标准	ISO(前 ISA)	国际标准化组织标准
AS	澳大利亚国家标准	JIS	日本国家标准
ASME	美国机械工程师协会标准	NF	法国国家标准
BS	英国国家标准	ГОСТ	俄罗斯国家标准
CEN	欧洲标准化委员会标准	SIS	瑞典国家标准
CSA	加拿大国家标准	SI	以色列国家标准
CSN	捷克国家标准	SNV	瑞士国家标准
DIN	德国国家标准	UNI	意大利国家标准

10.2 常用机械传动的效率及传动比

表 10-3 常用机械传动、轴承、联轴器和传动滚筒效率的概率值

类别		传动效率 η
齿轮传动	圆柱齿轮	闭式:0.96～0.98（7～9 级精度）
		开式:0.94～0.96
	圆锥齿轮	闭式:0.94～0.97（7～8 级精度）
		开式:0.92～0.95
蜗杆传动	自锁	0.40～0.45
	单头	0.70～0.75
	双头	0.75～0.82
	三头和四头	0.80～0.92

类别		传动效率 η
带传动	平带	0.95～0.98
	V 带	0.94～0.97
滚子链传动		闭式:0.94～0.97 开式:0.90～0.93
轴承	滑动轴承(一对)	润滑不良:0.94～0.97 滑润良好:0.97～0.99
	滚动轴承(一对)	0.980～0.995
联轴器	弹性联轴器	0.990～0.995
	齿式联轴器	0.99
传动滚筒		0.96

表 10-4 常用机械传动的单级传动比推荐值及功率适用范围

传动类型	最大功率 /kW	单级传动比		传动类型	最大功率 /kW	单级传动比	
		推荐值	最大值			推荐值	最大值
平带传动	20	2～4	5	圆柱齿轮传动	50 000	3～5	10
V 带传动	100	2～4	7	圆锥齿轮传动	50 000	2～4	6
链传动	100	2～4	7	蜗杆传动	50	10～40	80

10.3 标准尺寸

表 10-5 标准尺寸(摘自 GB/T 2822—2005) mm

R			R′			R			R′			R			R′		
R10	R20	R40	R′10	R′20	R′40	R10	R20	R40	R′10	R′20	R′40	R10	R20	R40	R′10	R′20	R′40
2.50	2.50		2.5	2.5			7.10			7.0		16.0	16.0	16.0	16	16	16
	2.80			2.8		8.00	8.00		8.0	8.0				17.0			17
3.15	3.15		3.0	3.0			9.00			9.0			18.0	18.0		18	18
	3.55			3.5		10.0	10.0		10.0	10.0				19.0			19
4.00	4.00		4.0	4.0			11.2			11		20.0	20.0	20.0	20	20	20
	4.50			4.5		12.5	12.5	12.5	12	12	12			21.2			21
5.00	5.00		5.0	5.0				13.2			13		22.4	22.4		22	22
	5.60			5.5			14.0	14.0		14	14			23.6			24
6.30	6.30		6.0	6.0				15.0			15	25.0	25.0	25.0	25	25	25

续表 10-5

R			R'			R			R'			R			R'		
R10	R20	R40	R'10	R'20	R'40	R10	R20	R40	R'10	R'20	R'40	R10	R20	R40	R'10	R'20	R'40
		26.5			26		112	112		110	110			475			480
	28.0	28.0		28	28			118			120	500	500	500	500	500	500
		30.0			30	125	125	125	125	125	125			530			530
31.5	31.5	31.5	32	32	32			132			130		560	560		560	560
		33.5			34		140	140		140	140			600			600
	35.5	35.5		36	36			150			150	630	630	630	630	630	630
		37.5			38	160	160	160	160	160	160			670			670
40.0	40.0	40.0	40	40	40			170			170		710	710		710	710
		42.5			42		180	180		180	180			750			750
	45.0	45.0		45	45			190			190	800	800	800	800	800	800
		47.5			48	200	200	200	200	200	200			850			850
50.0	50.0	50.0	50	50	50			212			210		900	900		900	900
		53.0			53		224	224		220	220			950			950
	56.0	56.0		56	56			236			240	1 000	1 000	1 000	1 000	1 000	1 000
		60.0			60	250	250	250	250	250	250			1 060			
63.0	63.0	63.0	63	63	63			265			260		1 120	1 120			
		67.0			67		280	280		280	280			1 180			
	71.0	71.0		71	71			300			300	1 250	1 250	1 250			
		75.0			75	315	315	315	320	320	320			1 320			
80.0	80.0	80.0	80	80	80			335			340		1 400	1 400			
		85.0			85		355	355		360	360			1 500			
	90.0	90.0		90	90			375			380	1 600	1 600	1 600			
		95.0			95	400	400	400	400	400	400			1 700			
100	100	100	100	100	100			425			420		1 800	1 800			
		106			105		450	450		450	450			1 900			

注：1. 本标准规定的数值为机械制造业中常用的标准尺寸(直径、长度、高度等)系列。

2. 本标准适用于有互换性或系列化要求的主要尺寸(如安装、连接尺寸,有公差要求的配合尺寸,决定产品系列的公称尺寸等)。其他结构尺寸也应尽可能采用。本标准不适用于由主要尺寸导出的因变量尺寸、工艺上工序间的尺寸和已有相应标准规定的尺寸。

3. 选择标准尺寸系列及单个尺寸时,应按 R10,R20,R40 的顺序选用。

4. 如果必须将数值圆整,可在相应的 R'系列中选用标准尺寸。

10.4 机械制图

表 10-6 图纸幅面和格式(摘自 GB/T 14689—2008) mm

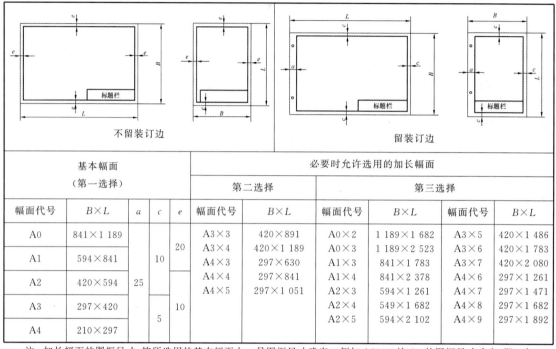

不留装订边　　　　留装订边

基本幅面（第一选择）					必要时允许选用的加长幅面					
					第二选择		第三选择			
幅面代号	*B*×*L*	*a*	*c*	*e*	幅面代号	*B*×*L*	幅面代号	*B*×*L*	幅面代号	*B*×*L*
A0	841×1 189	25	10	20	A3×3	420×891	A0×2	1 189×1 682	A3×5	420×1 486
A1	594×841				A3×4	420×1 189	A0×3	1 189×2 523	A3×6	420×1 783
A2	420×594			10	A4×3	297×630	A1×3	841×1 783	A3×7	420×2 080
A3	297×420		5		A4×4	297×841	A1×4	841×2 378	A4×6	297×1 261
A4	210×297				A4×5	297×1 051	A2×3	594×1 261	A4×7	297×1 471
							A2×4	549×1 682	A4×8	297×1 682
							A2×5	594×2 102	A4×9	297×1 892

注：加长幅面的图框尺寸，按所选用的基本幅面大一号图框尺寸确定。例如 A2×3，按 A1 的图框尺寸确定，即 *e* 为 20(或 *c* 为 10)；对 A3×4 则按 A2 的图框尺寸确定，即 *e* 为 10(或 *c* 或为 10)。

表 10-7 图样比例(摘自 GB/T 14690—1993)

原值比例	1∶1
缩小比例	(1∶1.5)　1∶2　(1∶2.5)　(1∶3)　(1∶4)　1∶5　(1∶6)　(1∶1.5×10^n)　1∶2×10^n　(1∶2.5×10^n)　(1∶3×10^n)　(1∶4×10^n)　1∶5×10^n　(1∶6×10^n)　1∶1×10^n
放大比例	2∶1　(2.5∶1)　(4∶1)　5∶1　1×10^n∶1　2×10^n∶1　(2.5×10^n∶1)　(4×10^n∶1)　5×10^n∶1

注：1. 表中 *n* 为正整数。

2. 括号内的比例，必要时允许选取。

3. 在同一图样中，各个视图应采用相同的比例。当某个视图需要采用不同比例时，必须另行标注。

4. 当图形中孔的直径或薄片的厚度等于或小于 2 mm，以及斜度或锥度较小时，可不按比例而夸大画出。

表 10-8 标题栏格式(摘自 GB/T 106091.1—2008) mm

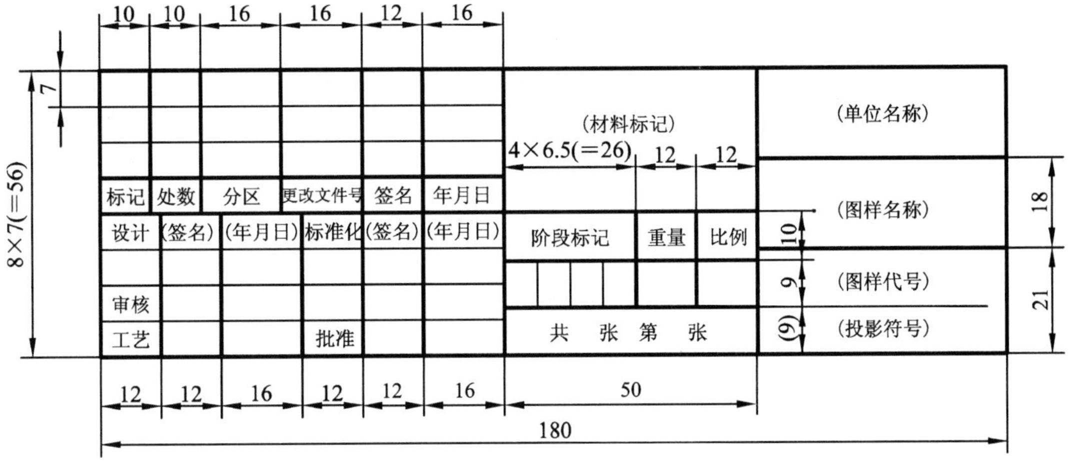

表 10-9 明细栏格式(摘自 GB/T 10609.2—2009) mm

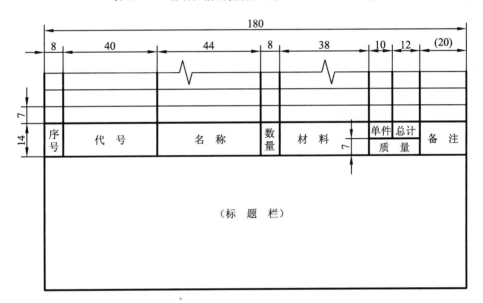

表 10-10 尺寸标注的符号和缩写词

名 称	直 径	半 径	球直径	球半径	厚 度	正方形	45°倒角	深 度	沉孔或锪平	埋头孔	均 布
符号或缩写词	ϕ	R	$S\phi$	SR	t	□	C	↓	⌴	∨	EQS

10.5 圆柱形轴伸

表 10-11 圆柱形轴伸(摘自 GB/T 1569—2005) mm

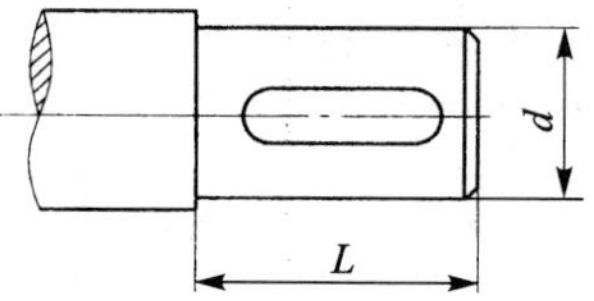

d 基本尺寸	d 极限偏差		L 长系列	L 短系列	d 基本尺寸	d 极限偏差		L 长系列	L 短系列	d 基本尺寸	d 极限偏差		L 长系列	L 短系列
6	+0.006 −0.002	j6	16	—	19	+0.009 −0.004	j6	40	28	40	+0.018 −0.002	k6	110	82
7	+0.007 −0.002		16	—	20			50	36	42			110	82
8			20	—	22			50	36	45			110	82
9			20	—	24			50	36	48			110	82
10			23	20	25			60	42	50			110	82
11	+0.008 −0.003		23	20	28			60	42	55	+0.030 +0.011	m6	110	82
12			30	25	30			80	58	60			140	105
14			30	25	32	+0.018 +0.002	k6	80	58	65			140	105
16			40	28	35			80	58	70			140	105
18			40	28	38			80	58	75			140	105

10.6 中心孔

表 10-12 中心孔(摘自 GB/T 145—2001) mm

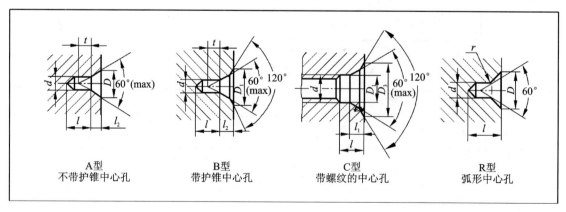

A型 不带护锥中心孔　B型 带护锥中心孔　C型 带螺纹的中心孔　R型 弧形中心孔

续表 10－12

d	D、D_1		l_2（参考）		t（参考）	l_{min}	r_{max}	r_{min}	d	D_1	D_3	l	l_1（参考）	选择中心孔的参考数据		
A、B、R 型	A、R 型	B 型	A 型	B 型	A、R 型	R 型			C 型					原料端部最小直径 D_0	轴状原料最大直径 D_c	工件最大质量 /t
1.60	3.35	5.00	1.52	1.99	1.4	3.5	5.0	4.0								
2.00	4.25	6.30	1.95	2.54	1.8	4.4	6.3	5.0						8	>10～18	0.12
2.50	5.30	8.00	2.42	3.20	2.2	5.5	8.0	6.3						10	>18～30	0.2
3.15	6.70	10.00	3.07	4.03	2.8	7.0	10.0	8.0	M3	3.2	5.8	2.6	1.8	12	>30～50	0.5
4.00	8.50	12.50	3.90	5.05	3.5	8.9	12.5	10.0	M4	4.3	7.4	3.2	2.1	15	>50～80	0.8
(5.00)	10.60	16.00	4.85	6.43	4.4	11.2	16.0	12.5	M5	5.3	8.8	4.0	2.4	20	>80～120	1
6.30	13.20	18.00	5.98	7.36	5.5	14.0	20.0	16.0	M6	6.4	10.5	5.0	2.8	25	>120～180	1.5
(8.00)	17.00	22.40	7.79	9.36	7.0	17.9	25.0	20.0	M8	8.4	13.2	6.0	3.3	30	>180～220	2
10.00	21.20	28.00	9.70	11.66	8.7	22.5	31.5	25.0	M10	10.5	16.3	7.5	3.8	35	>180～220	2.5

注：1. A 型和 B 型中心孔的尺寸 l 取决于中心钻的长度，此值不应小于 t 值。
2. 括号内的尺寸尽量不采用。
3. 选择中心孔的参考数值不属于 GB/T 145 的内容，仅供参考。

表 10－13　中心孔的规定表示法（摘自 GB/T 4459.5—1999）

规定表示法示例	说　明
	采用 B 型中心孔，D＝2.5 mm，D_1＝8 mm，在完工的零件上要求保留
	采用 A 型中心孔，D＝4 mm，D_1＝8.5 mm，在完工的零件上是否保留都可以
	采用 A 型中心孔，D≈1.6 mm，D_1＝3.35 mm，在完工的零件上不允许保留
	以中心孔的轴线为基准时，基准代号可按图（a）、（b）所示的方法标注 中心孔工作表面的表面粗糙度应在引出线上标出 如同一轴线的两端中心孔相同，可只在其一端标出，但应标出其数量，如图（b）所示

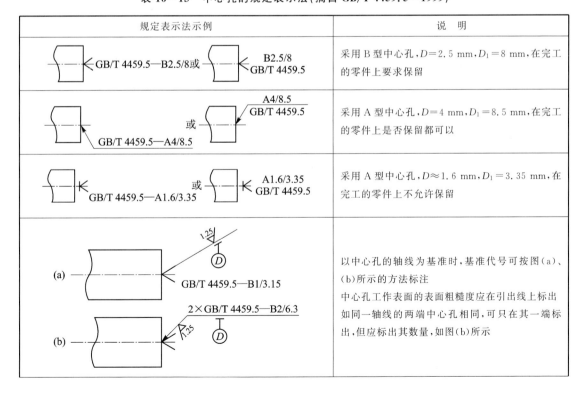

续表 10-13

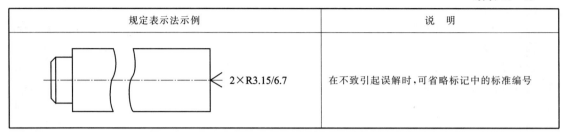

<table>
<tr><th>规定表示法示例</th><th>说　明</th></tr>
<tr><td>

2×R3.15/6.7

</td><td>在不致引起误解时，可省略标记中的标准编号</td></tr>
</table>

10.7　砂轮越程槽

表 10-14　回转面及端面砂轮越程槽的形式及尺寸(摘自 GB/T 6403.5—2008)　　mm

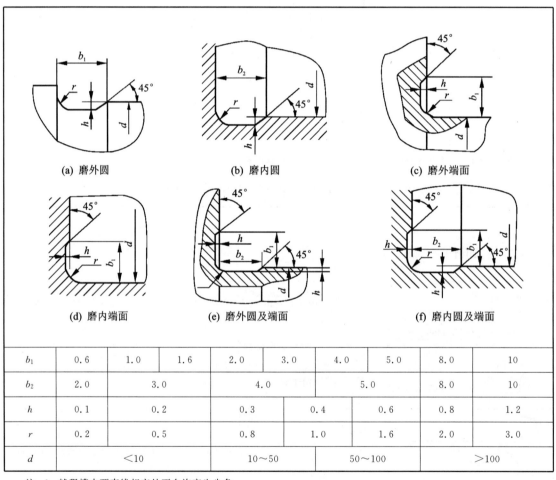

r
r
r

(a) 磨外圆　　(b) 磨内圆　　(c) 磨外端面

r
r

(d) 磨内端面　　(e) 磨外圆及端面　　(f) 磨内圆及端面

<table>
<tr><td>b_1</td><td>0.6</td><td>1.0</td><td>1.6</td><td>2.0</td><td colspan="2">3.0</td><td colspan="2">4.0</td><td>5.0</td><td>8.0</td><td>10</td></tr>
<tr><td>b_2</td><td>2.0</td><td colspan="2">3.0</td><td colspan="3">4.0</td><td colspan="3">5.0</td><td>8.0</td><td>10</td></tr>
<tr><td>h</td><td>0.1</td><td colspan="2">0.2</td><td colspan="2">0.3</td><td colspan="2">0.4</td><td colspan="2">0.6</td><td>0.8</td><td>1.2</td></tr>
<tr><td>r</td><td>0.2</td><td colspan="2">0.5</td><td colspan="2">0.8</td><td colspan="2">1.0</td><td colspan="2">1.6</td><td>2.0</td><td>3.0</td></tr>
<tr><td>d</td><td colspan="3"><10</td><td colspan="3">10～50</td><td colspan="3">50～100</td><td colspan="2">>100</td></tr>
</table>

注：1. 越程槽内两直线相交处不允许产生尖角。

2. 越程槽深度 h 与圆弧半径 r 应满足 $r \leqslant 3h$。

10.8 零件圆角与倒角

表 10－15 零件倒圆与倒角(摘自 GB/T 6403.4—2008) mm

倒圆、倒角形式	倒圆、倒角(45°)的四种形式

R
内角倒圆R
R
外角倒圆R
C
外角倒圆C
C
内角倒圆C

C1
R
C1>R
内角倒圆R、外角倒角C1
R
R1
R1>R
内角倒圆R、外角倒角R1
R1
C
内角倒角C、外角倒圆R1
C1
C
C1>C
内角倒角C、外角倒圆C1

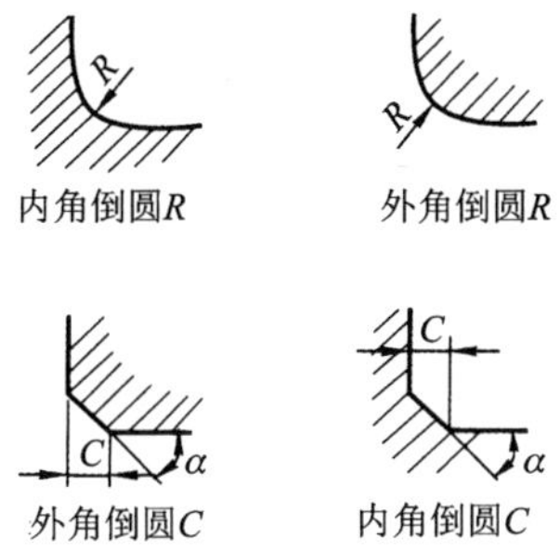

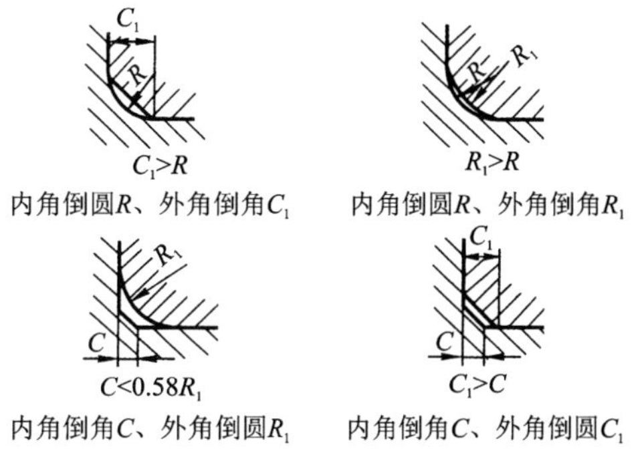

倒圆、倒角尺寸

R 或 C													
	0.1	0.2	0.3	0.4	0.5	0.6	0.8	1.0	1.2	1.6	2.0	2.5	3.0
	4.0	5.0	6.0	8.0	10	12	16	20	25	32	40	50	—

与直径 ϕ 相应的倒角 C、倒圆 R 的推荐值

ϕ	>3～6	>6～10	>10～18	>18～30	>30～50	>50～80	>80～120	>120～180	>180～250	>250～320	>320～400	>400～500	>500～630	>630～800
R 或 C	0.4	0.6	0.8	1.0	1.6	2.0	2.5	3.0	4.0	5.0	6.0	8.0	10	12

内角倒角、外角倒圆时 C_{max} 与 R_1 的关系

R_1	0.3	0.4	0.5	0.6	0.8	1.0	1.2	1.6	2.0	2.5	3.0	4.0	5.0	6.0	8.0	10	12	16
C_{max}	0.1	0.2		0.3	0.4	0.5	0.6	0.8	1.0	1.2	1.6	2.0	2.5	3.0	4.0	5.0	6.0	8.0

注：1. C_{max}是在外角倒圆为 R_1 时，内角倒角 C 的最大允许值。

2. α 一般采用 45°，也可采用 30°或 60°。

10.9 常用金属材料

表 10－16 灰铸铁的牌号和力学性能(摘自 GB/T 9439—2010)

牌 号	铸件壁厚		最小抗拉强度 R_m(强制性值)(min)		铸件本体预期抗拉强度 R_m(min)/MPa
	>	≤	单铸试棒/MPa	附铸试棒或试块/MPa	
HT100	5	40	100	—	—
HT150	5	10	150	—	155
	10	20		—	130
	20	40		120	110
	40	80		110	95
	80	150		100	80
	150	300		90	—

续表 10-16

牌号	铸件壁厚		最小抗拉强度 R_m（强制性值）（min）		铸件本体预期抗拉强度 R_m(min)/MPa
	>	≤	单铸试棒/MPa	附铸试棒或试块/MPa	
HT200	5	10	200	—	205
	10	20		—	180
	20	40		170	155
	40	80		150	130
	80	150		140	115
	150	300		*130*	—
HT225	5	10	225	—	230
	10	20		—	200
	20	40		190	170
	40	80		170	150
	80	150		155	135
	150	300		*145*	—
HT250	5	10	250	—	250
	10	20		—	225
	20	40		210	195
	40	80		190	170
	80	150		170	155
	150	300		*160*	—
HT275	10	20	275	—	250
	20	40		230	220
	40	80		205	1190
	80	150		190	175
	150	300		*175*	—
HT300	10	20	300	—	270
	20	40		250	240
	40	80		220	210
	80	150		210	195
	150	300		*190*	—
HT350	10	20	350	—	315
	20	40		290	280
	40	80		260	250
	80	150		230	225
	150	300		*210*	—

注：1. 当铸件壁厚超过 300 mm 时，其力学性能由供需双方商定。
2. 当某牌号的铁液浇注壁厚均匀、形状简单的铸件时，壁厚变化引起抗拉强度的变化，可从本表查出参考数据；当铸件壁厚不均匀或有型芯时，此表只能给出不同壁厚处大致的抗拉强度值，铸件的设计应根据关键部位的实测值进行。
3. 表中斜体字数值表示指导值，其余抗拉强度值均为强制性值，铸件本体预期抗拉强度值不作为强制性值。

表 10-17 灰铸铁的硬度和铸件等级(摘自 GB/T 9439—2010)

硬度等级	铸件主要壁厚/mm		铸件上的硬度范围/HBW	
	>	≤	min	max
H155	5	10	—	185
	10	20	—	170
	20	40	—	160
	40	**80**	—	**155**
H175	5	10	140	225
	10	20	125	205
	20	40	110	185
	40	**80**	**100**	**175**
H195	4	5	190	275
	5	10	170	260
	10	20	150	230
	20	40	125	210
	40	**80**	**120**	**195**
H215	5	10	200	275
	10	20	180	255
	20	40	160	235
	40	**80**	**145**	**215**
H235	10	20	200	275
	20	40	180	255
	40	80	165	235
H255	20	40	200	275
	40	**80**	**185**	**255**

注：1. 硬度和抗拉强度的关系见《灰铸铁件》(GB/T 9439—2010)附录 B,硬度和壁厚的关系见附录 C。
2. 黑体数字表示与该硬度等级所对应的主要壁厚的最大和最小硬度值。
3. 在供需双方商定的铸件某位置上,铸件硬度差可以控制在 40HBW 硬度值范围内。

表 10-18 球墨铸件(摘自 GB/T 1348—2009)

牌号	抗拉强度 σ_b MPa 最小值	屈服强度 $\sigma_{0.2}$ MPa 最小值	伸长率 δ % 最小值	供参考 布氏硬度 (HBW)	用途
QT400-18	400	250	18	120~175	减速器箱体、管路、阀体、阀盖、压缩机气缸、拨叉、离合器壳等
QT400-15	400	250	15	120~180	
QT450-10	450	310	10	160~210	油泵齿轮、阀门体、车辆轴瓦、凸轮、犁铧、减速器箱体、轴承座等
QT500-7	500	320	7	170~230	

续表 10-18

牌号	抗拉强度 σ_b	屈服强度 $\sigma_{0.2}$	伸长率 δ	供参考 布氏硬度 (HBW)	用途
	MPa		%		
	最小值				
QT600-3	600	370	3	190~270	曲轴、凸轮轴、齿轮轴、机床主轴、缸体、缸套、连杆、矿车轮、农机零件等
QT700-2	700	420	2	225~305	
QT800-2	800	480	2	245~335	
QT900-2	900	600	2	280~360	曲轴、凸轮轴、连杆、履带式拖拉机链轨板等

注：表中牌号是由单铸试块测定的性能。

表 10-19　一般工程用铸造碳钢（摘自 GB/T 11352—2009）

牌号	抗拉强度 σ_b	屈服强度 σ_s 或 $\sigma_{0.2}$	伸长率 δ	根据合同选择		硬度		应用举例
				收缩率 ψ	冲击功 A_{KV}	正火回火 (HBS)	表面淬火 (HRC)	
	MPa		%		J			
	最小值							
ZG200-400	400	200	25	40	30	—	—	各种形状的机件，如机座、变速箱壳等
ZG230-450	450	230	22	32	25	≥131	—	铸造平坦的零件，如机座、机盖、箱体、铁砧台以及工作温度在 450 ℃ 以下的管路附件等，焊接性良好
ZG270-500	500	270	18	25	22	≥143	40~45	各种形状的机件，如飞轮、机架、蒸汽锤、桩锤、联轴器、水压机工作缸、横梁等，焊接性尚可
ZG310-570	570	310	15	21	15	≥153	40~50	各种形状的机件，如联轴器、汽缸、齿轮、齿轮圈及重负荷机架等
ZG340-640	640	340	10	18	10	169~229	45~55	起重运输机中的齿轮、联轴器及重要的机件等

注：1. 各牌号铸钢的性能，适用于厚度为 100 mm 以下的铸件。当厚度超过 100 mm 时，仅表中规定的 $\sigma_{0.2}$ 屈服强度可供设计使用。
　　2. 表中力学性能的试验环境温度为 20 ℃±10 ℃。
　　3. 表中硬度值非 GB/T 11352—2009 内容，仅供参考。

表 10－20　普通碳素结构钢(摘自 GB/T 700—2006)

牌号	等级	屈服强度 R_{eH}/(N·mm^{-2})(不小于)						抗拉强度 R_m/(N·mm^{-2})	断后伸长率 A/%(不小于)					冲击试验(V 形缺口)	
		厚度(或直径)/mm							厚度(或直径)/mm					温度/℃	冲击吸收功(纵向)/J(不小于)
		≤16	>16~40	>40~60	>60~100	>100~150	>150		≤40	>40~60	>60~100	>100~150	>150~200		
Q195	—	195	185	—	—	—	—	315~430	33	—	—	—	—	—	—
Q215	A	215	205	195	185	175	165	335~450	31	30	29	27	26	—	—
	B													+20	27
Q235	A	235	225	215	205	195	185	370~500	26	25	24	22	21	—	—
	B													+20	27
	C													0	
	D													−20	
Q275	A	275	265	255	245	225	215	410~540	22	21	20	18	17	—	—
	B													+20	27
	C													0	
	D													−20	

注：1. Q195 的屈服强度值仅供参考，不作交货条件。

2. 厚度大于 100 mm 的钢材，抗拉强度下限允许降低 20 N/mm^2；宽带钢(包括剪切钢板)的抗拉强度上限不作交货条件。

3. 厚度小于 25 mm 的 Q235B 级钢材，如供方能保证冲击吸收功值合格，经需方同意，可不作检验。

表 10－21　优质碳素结构钢(摘自 GB/T 699—1999)

牌号	推荐热处理/℃			试样毛坯尺寸/mm	力学性能					钢材交货状态硬度(HBS10/3000)		应用举例
					抗拉强度 σ_b	屈服强度 σ_s	伸长率 δ_5	收缩率 ψ	冲击功 A_K	不大于		
	正火	淬火	回火		MPa		%		J	未热处理	退火钢	
					不小于							
08F	930	—	—	25	295	175	35	60	—	131	—	用于需塑性好的零件，如管子、垫片、垫圈；心部强度要求不高的渗碳和碳氮共渗零件，如套筒、短轴、挡块、支架、靠模、离合器盘
10	930	—	—	25	335	205	31	55	—	137	—	用于制造拉杆、卡头以及钢管垫片、垫圈、铆钉。这种钢无回火脆性，焊接性好，用来制造焊接零件

续表 10-21

<table>
<tr><td rowspan="4">牌号</td><td colspan="3">推荐热处理/℃</td><td rowspan="4">试样毛坯尺寸/mm</td><td colspan="5">力学性能</td><td colspan="2">钢材交货状态硬度(HBS10/3000)</td><td rowspan="4">应用举例</td></tr>
<tr><td rowspan="3">正火</td><td rowspan="3">淬火</td><td rowspan="3">回火</td><td>抗拉强度 σ_b</td><td>屈服强度 σ_s</td><td>伸长率 δ_5</td><td>收缩率 ψ</td><td>冲击功 A_K</td><td colspan="2">不大于</td></tr>
<tr><td colspan="2">MPa</td><td colspan="2">%</td><td>J</td><td rowspan="2">未热处理</td><td rowspan="2">退火钢</td></tr>
<tr><td colspan="5">不小于</td></tr>
<tr><td>15</td><td>920</td><td>—</td><td>—</td><td>25</td><td>375</td><td>225</td><td>27</td><td>55</td><td>—</td><td>143</td><td>—</td><td>用于受力不大、韧性较高的零件和渗碳零件、紧固件、冲模锻件及不需要热处理的低负荷零件，如螺栓、螺钉、拉条、法兰盘、化工贮器、蒸汽锅炉</td></tr>
<tr><td>20</td><td>910</td><td>—</td><td>—</td><td>25</td><td>410</td><td>245</td><td>25</td><td>55</td><td>—</td><td>156</td><td>—</td><td>用于不经受很大应力而要求很大韧性的机械零件，如杠杆、轴套、螺钉、起重钩等；也用于制造压力小于 6 MPa、温度小于 450 ℃、在非腐蚀介质中使用的零件，如管子、导管等；还可用于表面硬度高而心部强度要求不大的渗碳与氰化零件</td></tr>
<tr><td>25</td><td>900</td><td>870</td><td>600</td><td>25</td><td>450</td><td>275</td><td>23</td><td>50</td><td>71</td><td>170</td><td>—</td><td>用于制造焊接设备以及经锻造、热冲压和机械加工的不承受高应力的零件，如轴、辊子、联轴器、垫圈、螺栓、螺钉及螺母</td></tr>
<tr><td>35</td><td>870</td><td>850</td><td>600</td><td>25</td><td>530</td><td>315</td><td>20</td><td>45</td><td>55</td><td>197</td><td>—</td><td>用于制造曲轴、转轴、轴销、杠杆、连杆、横梁、链轮、圆盘、套筒钩环、垫圈、螺钉、螺母。这种钢多在正火和调质状态下使用，一般不作焊接用</td></tr>
<tr><td>40</td><td>860</td><td>840</td><td>600</td><td>25</td><td>570</td><td>335</td><td>19</td><td>45</td><td>47</td><td>217</td><td>187</td><td>用于制造辊子、轴、曲柄销、活塞杆、圆盘</td></tr>
</table>

续表 10-21

牌号	推荐热处理/℃			试样毛坯尺寸/mm	力学性能					钢材交货状态硬度(HBS10/3000)		应用举例
					抗拉强度 σ_b	屈服强度 σ_s	伸长率 δ_5	收缩率 ψ	冲击功 A_K	不大于		
	正火	淬火	回火		MPa		%		J	未热处理	退火钢	
					不小于							
45	850	840	600	25	600	355	16	40	39	229	197	用于制造齿轮、齿条、链轮、轴、键、销、蒸汽透平机的叶轮、压缩机及泵的零件、轧辊等。可代替渗碳钢做齿轮、轴、活塞销等，但要经高频或火焰表面粹火
52	830	830	600	25	630	375	14	40	3	241	207	用于制造齿轮、拉杆、轧辊、轴、圆盘
55	82	820	600	25	645	380	13	35	—	255	217	用于制造齿轮、连杆、轮缘、扁弹簧及轧辊等
60	810	—	—	25	675	400	12	35	—	255	229	用于制造轧辊、轴、轮箍、弹簧、弹簧垫圈、离合器、凸轮、钢绳等
20Mn	910			25	450	275	24	50		197		用于制造凸轮轴、齿轮、联轴器、铰链、拖杆等
30Mn	880	860	600	25	540	315	20	45	63	217	187	用于制造螺栓、螺母、螺钉、杠杆及刹车踏板等
40Mn	860	840	600	25	590	355	17	45	47	229	207	用以制造承受疲劳负荷的零件，如轴、万向联轴器、曲轴、连杆及在高应力下工作的螺栓、螺母等
50Mn	830	830	600	25	645	390	13	40	31	255	217	用于制造耐磨性要求很高、在高负荷作用下工作的热处理零件，如齿轮、齿轮轴、摩擦盘、凸轮和截面在 80 mm 以下的心轴等
60Mn	810			25	695	410	11	35		269	229	适于制造弹簧、弹簧垫圈、弹簧环、弹簧片以及冷拔钢丝(≤7 mm)和发条

注：表中所列正火推荐保温时间不少于 30 min，空冷；淬火推荐保温时间不少于 30 min，水冷；回火推荐保温时间不少于 1 h。

表 10－22　弹簧钢(摘自 GB/T 1222—2007)

<table>
<tr><th rowspan="4">牌　号</th><th colspan="3">热处理制度</th><th colspan="5">力学性能</th><th colspan="2">交货状态硬度(HBW)</th><th rowspan="4">应用举例</th></tr>
<tr><th rowspan="3">淬火温度/℃</th><th rowspan="3">淬火介质</th><th rowspan="3">回火温度/℃</th><th>抗拉强度 σ_b</th><th>屈服强度 σ_s</th><th colspan="2">伸长率</th><th>收缩率 ψ</th><th colspan="2">不大于</th></tr>
<tr><th colspan="2">MPa</th><th>δ_5</th><th>δ_{10}</th><th>%</th><th rowspan="2">热轧</th><th rowspan="2">冷拉＋热处理</th></tr>
<tr><th colspan="5">不小于</th></tr>
<tr><td>65</td><td>840</td><td rowspan="2">油</td><td>500</td><td>980</td><td>785</td><td rowspan="2">—</td><td>9</td><td>35</td><td rowspan="2">285</td><td rowspan="2">321</td><td rowspan="2">调压、调速弹簧，柱塞弹簧，测力弹簧，一般机械的圆、方螺旋弹簧</td></tr>
<tr><td>70</td><td>830</td><td>480</td><td>1030</td><td>835</td><td>8</td><td>30</td></tr>
<tr><td>60Mn</td><td>830</td><td>油</td><td>540</td><td>980</td><td>785</td><td>—</td><td>8</td><td>30</td><td>302</td><td>321</td><td>小尺寸的扁、圆弹簧，座垫弹簧，发条，离合器簧片，弹簧环，刹车弹簧</td></tr>
<tr><td>55SiMnVB</td><td>860</td><td rowspan="3">油</td><td>460</td><td>1375</td><td>1225</td><td rowspan="3">—</td><td rowspan="3">5</td><td>30</td><td rowspan="3">321</td><td rowspan="3">321</td><td rowspan="3">汽车、拖拉机、机车的减振板簧和螺旋弹簧，汽缸安全阀簧，止回阀簧，250 ℃以下使用的耐热弹簧</td></tr>
<tr><td>60Si2Mn</td><td>870</td><td>480</td><td>1275</td><td>1180</td><td>25</td></tr>
<tr><td>60Si2MnA</td><td></td><td>440</td><td>1570</td><td>1375</td><td>20</td></tr>
<tr><td>55CrMnA</td><td rowspan="2">830～860</td><td rowspan="2">油</td><td>460～510</td><td rowspan="2">1225</td><td rowspan="2">1080
($\sigma_{0.2}$)</td><td rowspan="2">9</td><td rowspan="2">—</td><td rowspan="2">20</td><td rowspan="2">321</td><td rowspan="2">321</td><td rowspan="2">用于车辆、拖拉机上负荷较重、应力较大的板簧和直径较大的螺旋弹簧</td></tr>
<tr><td>60CrMnA</td><td>460～520</td></tr>
<tr><td>60Si2CrA</td><td>870</td><td rowspan="2">油</td><td>420</td><td>1765</td><td>1570</td><td rowspan="2">6</td><td rowspan="2">—</td><td rowspan="2">20</td><td rowspan="2">供需双方协商</td><td rowspan="2">321</td><td rowspan="2">用于高应力及在 300～350 ℃以下使用的弹簧，如调速器、破碎机、汽轮机汽封用弹簧</td></tr>
<tr><td>60Si2CrVA</td><td>850</td><td>410</td><td>1860</td><td>1665</td></tr>
</table>

注：1. 表中所列性能适用于截面尺寸≤80 mm 的钢材，对＞80 mm 的钢材允许其 δ、ψ 值较表内规定值分别降低 1 个单位及 5 个单位。

2. 除规定的热处理上、下限外，表中热处理允许偏差为：淬火±20 ℃，回火±50 ℃。

表 10－23　合金结构钢(摘自 GB/T 3077—1999)

<table>
<tr><th rowspan="4">钢号</th><th colspan="4">热处理</th><th rowspan="4">试样毛坯尺寸/mm</th><th colspan="5">力学性能</th><th rowspan="3">钢材退火或高温回火供应状态的布氏硬度(HB10/3000)</th><th rowspan="4">特性及应用举例</th></tr>
<tr><th colspan="2">淬火</th><th colspan="2">回火</th><th>抗拉强度 σ_b</th><th>屈服强度 σ_s</th><th>伸长率 δ_5</th><th>收缩率 ψ</th><th>冲击功 A_K</th></tr>
<tr><th rowspan="2">温度/℃</th><th rowspan="2">冷却剂</th><th rowspan="2">温度/℃</th><th rowspan="2">冷却剂</th><th colspan="2">MPa</th><th colspan="2">%</th><th>J</th></tr>
<tr><th colspan="5">≥</th><th>不大于</th></tr>
<tr><td>20Mn2</td><td>850
880</td><td>水、油
水、油</td><td>200
440</td><td>水、空
水、空</td><td>15</td><td>785</td><td>590</td><td>10</td><td>40</td><td>47</td><td>187</td><td>截面小时与 20Cr 相当，用于做渗碳小齿轮、小轴、钢套、链板等，渗碳淬火后硬度为(56～62)HRC</td></tr>
</table>

续表 10-23

钢号	热处理				试样毛坯尺寸/mm	力学性能					钢材退火或高温回火供应状态的布氏硬度(HB10/3000)	特性及应用举例
	淬火		回火			抗拉强度 σ_b	屈服强度 σ_s	伸长率 δ_5	收缩率 ψ	冲击功 A_K		
	温度/℃	冷却剂	温度/℃	冷却剂		MPa		%		J		
						≥					不大于	
35Mn2	840	水	500	水	25	835	685	12	45	55	207	对于截面较小的零件可代替 40Cr，可做直径≤15 mm 的重要用途的冷镦螺栓及小轴等，表面淬火后硬度为(40～50)HRC
45Mn2	840	油	550	水、油	25	885	735	10	45	47	217	用于制造在较高应力与磨损条件下的零件。在直径≤60 mm 时，与 40Cr 相当。可做万向联轴器、齿轮、齿轮轴、蜗杆、曲轴、连杆、花键轴和摩擦盘等，表面淬火后硬度为(45～55)HRC

10.10　常用润滑剂

表 10-24　工业常用润滑油的性能和用途

类　别	品种代号	牌号	运动黏度①/($mm^2 \cdot s^{-1}$)	黏度指数(不小于)	闪点/℃(不低于)	倾点/℃(不高于)	主要性能和用途	说　明
工业闭式齿轮油	L-CKB 抗氧防锈工业齿轮油	46	41.4～50.6	90	180	-8	具有良好的抗氧化、抗腐蚀、抗浮化性等性能，适用于齿面应力在 500 MPa 以下的一般工业闭式齿轮传动及润滑	L-润滑剂类
		68	61.2～74.8					
		100	90～110					
		150	135～165		200			
		220	198～242					
		320	288～352					
	L-CKC 中载荷工业齿轮油	68	61.2～74.8	90	180	-8	具有良好的抗磨和热氧化安定性，适用于冶金、矿山、机械、水泥等工业中载荷为 500～1 100 MPa的闭式齿轮的润滑	
		100	90～110					
		150	135～165		200			
		220	198～242					
		320	288～352					
		460	414～506					
		680	612～748			-5		

续表 10－24

类　别	品种代号	牌号	运动黏度①/($mm^2\cdot s^{-1}$)	黏度指数（不小于）	闪点/℃（不低于）	倾点/℃（不高于）	主要性能和用途	说　明
工业闭式齿轮油	L－CKD 重载荷工业齿轮油	100	90～110	90	180	－8	具有更好的抗磨性、抗氧化性，适用于矿山、冶金、机械、化工等行业重载荷齿轮传动装置	L－润滑剂类
		150	135～165		200			
		220	198～242					
		320	288～352					
		460	414～506					
		680	612～748			－5		
主轴油	主轴油(SH/T 0017—1990)	N2	2.0～2.4	—	60	凝点不高于－15	主要适用于精密机床主轴轴承的润滑及其他以油浴、压力、油雾润滑的滑动轴承和滚动轴承的润滑。N10可作为普通轴承用油和缝纫机用油	"SH"为石化部标准代号
		N3	2.9～3.5		70			
		N5	4.2～5.1		80			
		N7	6.2～7.5		90			
		N10	9.0～11.0	90	100			
		N15	13.5～16.5		110			
		N22	19.8～24.2		120			
全损耗系统用油	L－AN 全损非法收入系统用油(GB/T 443—1989)	5	4.14～5.06	—	80	－5	不加或加少量添加剂，质量不高，适用于一次性润滑和某些要求较低、换油周期较短的油浴式润滑	全损耗系统用油包括L－AN全损耗系统用油（原机械油）和车轴油（铁路机车轴油）
		7	6.12～7.48		110			
		10	9.00～11.00		130			
		15	13.5～16.5					
		22	19.8～24.2		150			
		32	28.8～35.2					
		46	41.4～50.6		160			
		68	61.2～74.8					
		100	90.0～110		180			
		150	135～165					

注：①在 40 ℃条件下。

表 10－25　常用润滑脂的性能和用途

滑润脂			锥入度 1/10 mm	滴点/℃（不小于）	性　能	主要用途
	名　称	牌号				
钠基	钠基润滑脂 GB/T 492—1989	1	265～295	160	耐热性很好，黏附性强，但不耐水	适用于不与水接触的工农业机械的轴承润滑，使用温度不超过 110 ℃
		2	220～250	160		
锂基	通用锂基润滑脂 GB/T 7324—2010	1	310～340	170	具有良好的润滑性能、抗水性、机械安全性、耐热性和防锈性	为多用途、长寿命通用脂，适用于温度范围为－20～120 ℃的各种机械的轴承及其他摩擦部位的润滑
		2	265～295	175		
		3	220～250	180		
	极压锂基润滑脂 GB/T 7323—2008	0	355～385	170	具有良好的机械安定性、抗水性、极压抗磨性、防锈性和泵送性	为多用途、长寿命通用脂，适用于温度范围为－20～120 ℃的重载机械设备齿轮轴承等的润滑
		1	310～340			
		2	265～295			

续表 10-25

滑润脂		牌号	锥入度 1/10 mm	滴点/℃（不小于）	性　能	主要用途
	名　称					
钙基	钙基润滑脂 GB/T 491—2008	1 2 3 4	310～340 265～295 220～250 175～205	80 85 90 95	抗水性好，适用于潮湿环境，但耐热性差	目前尚广泛应用于工业、农业、交通运输等机械设备中速、中低载荷轴承的润滑，逐步被锂基润滑脂所取代
铝基	复合铝基润滑脂	1 2 3 4	310～340 265～295 220～250 175～205	—	耐热性、抗水性、流动性、泵送性、机械安定性等均好	被称为“万能润滑脂”，适用于高温设备的润滑，1 号脂泵送性好，适用于集中润滑，2 号、3 号适用于轻中载荷设备轴承，4 号适用于重载荷高温设备
合成润滑脂	7412 号齿轮脂	00 00	400～430 445～475	200 200	具有良好的涂附性、黏附性和极压润滑性，使用温度为 −40～150 ℃	为半流体脂，适用于各种减速箱齿轮的润滑，解决了齿轮箱的漏油问题

10.11　铸件设计一般规范

表 10-26　铸件最小壁厚（不小于）　　mm

铸造方法	铸件尺寸	铸钢	灰铸铁	球墨铸铁	可锻铸铁	铝合金	铜合金
砂型	～200×200	8	～6	6	5	3	3～5
	>200×200～500×500	10～12	6～10	12	8	4	6～8
	>500×500	15～20	15～20	—	—	6	—

表 10-27　铸造内圆角及相应的过渡尺寸 *R* 值（摘自 JB/ZW 4255—2006）　　mm

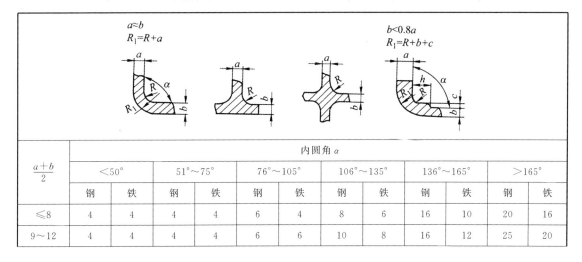

$\frac{a+b}{2}$	内圆角 α											
	<50°		51°～75°		76°～105°		106°～135°		136°～165°		>165°	
	钢	铁	钢	铁	钢	铁	钢	铁	钢	铁	钢	铁
≤8	4	4	4	4	6	4	8	6	16	10	20	16
9～12	4	4	4	4	6	6	10	8	16	12	25	20

续表 10-27

$\dfrac{a+b}{2}$	内圆角 α											
	<50°		51°~75°		76°~105°		106°~135°		136°~165°		>165°	
	钢	铁	钢	铁	钢	铁	钢	铁	钢	铁	钢	铁
13~16	4	4	6	4	8	6	12	10	20	16	30	25
17~20	6	4	8	6	10	8	16	12	25	20	40	30
21~27	6	6	10	8	12	10	20	16	30	25	50	40
28~35	8	6	12	10	16	12	25	20	40	30	60	50
36~45	10	8	16	12	20	16	30	25	50	40	80	60

b/a	<0.4		0.5~0.65		0.66~0.8		>0.8					
厚度变化 $c(\approx)$	$0.7(a-b)$		$0.8(a-b)$		$a-b$		—					
$h(\approx)$ 钢	$8c$											
铁	$9c$											

表 10-28 铸造外圆角及相应的过渡尺寸 R 值（摘自 JB/ZQ 4256—2006）　　mm

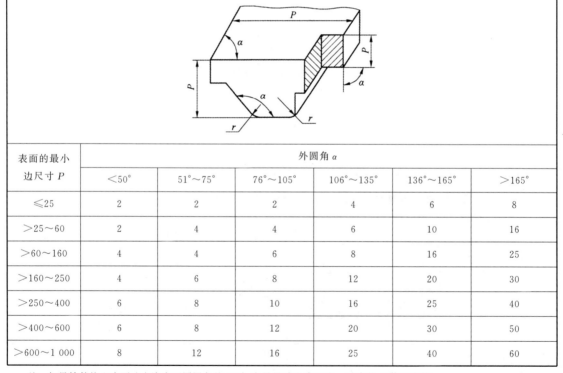

表面的最小边尺寸 P	外圆角 α					
	<50°	51°~75°	76°~105°	106°~135°	136°~165°	>165°
≤25	2	2	2	4	6	8
>25~60	2	4	4	6	10	16
>60~160	4	4	6	8	16	25
>160~250	4	6	8	12	20	30
>250~400	6	8	10	16	25	40
>400~600	6	8	12	20	30	50
>600~1 000	8	12	16	25	40	60

注：如果铸件按上表可选出许多不同圆角的 R 时，应尽量减少或只取一适当的 R 值以求统一。

表 10-29 铸造过渡斜度(摘自 JB/ZQ 4254—2006)　　mm

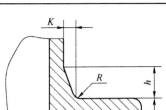

适用于减速器的箱体、连接管、气缸及其他各种连接法兰的过渡处

铸铁件和铸钢件的壁厚 δ	K	h	R
10～15	3	15	5
>15～20	4	20	5
>20～25	5	25	5
>25～30	6	30	8
>30～35	7	35	8
>35～40	8	40	10
>40～45	9	45	10
>45～50	10	50	10

表 10-30 铸造斜度(摘自 JB/ZQ 4257—1997)

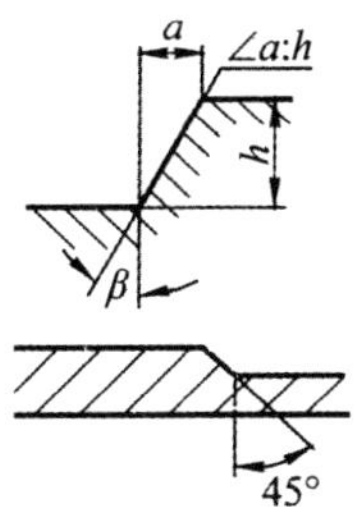

斜度 $a:h$	角度 β	使用范围
1∶5	11°30′	$h<25$ mm 时的铸铁件和铸钢件
1∶10	5°30′	$h=5\sim50$ mm 时的铸铁件和铸钢件
1∶20	3°	
1∶50	1°	$h>500$ mm 时的铸铁件和铸钢件
1∶100	30′	有色金属铸件

注:当设计不同壁厚的铸件时,在转折点处斜角最大,可增大到30°～45°。

10.12　过渡配合及过盈配合的嵌入倒角

表 10-31　过渡配合、过盈配合的嵌入倒角　　mm

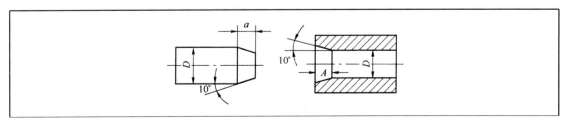

续表 10-31

D	倒角深	配合			
		u6、s6、s7 r6、n6、m6	t7	u8	z8
≤50	*a*	0.5	1	1.5	2
	A	1	1.5	2	2.5
50～100	*a*	1	2	2	3
	A	1.5	2.5	2.5	3.5
100～250	*a*	2	3	4	5
	A	2.5	3.5	4.5	6
250～500	*a*	3.5	4.5	7	8.5
	A	4	5.5	8	10

10.13 机器轴高

表 10-32 机器轴高 *h* 的基本尺寸(摘自 GB/T 12217—2005) mm

<table>
<tr><th>Ⅰ</th><th>Ⅱ</th><th>Ⅲ</th><th>Ⅳ</th><th>Ⅰ</th><th>Ⅱ</th><th>Ⅲ</th><th>Ⅳ</th><th>Ⅰ</th><th>Ⅱ</th><th>Ⅲ</th><th>Ⅳ</th></tr>
<tr><td rowspan="9">25</td><td rowspan="5">25</td><td rowspan="3"></td><td rowspan="2"></td><td rowspan="8">100</td><td rowspan="4">80</td><td rowspan="1"></td><td rowspan="2">105</td><td rowspan="6">400</td><td rowspan="2">315</td><td rowspan="4">450</td><td rowspan="1"></td></tr>
<tr><td rowspan="4">112</td><td rowspan="2">475</td></tr>
<tr><td rowspan="2">26</td><td rowspan="2">118</td><td rowspan="8">500</td></tr>
<tr><td rowspan="4">28</td><td rowspan="2">530</td></tr>
<tr><td rowspan="2">30</td><td rowspan="8">125</td><td rowspan="2">132</td><td rowspan="4">560</td></tr>
<tr><td rowspan="9">32</td><td rowspan="4">140</td><td rowspan="2">600</td></tr>
<tr><td rowspan="2">34</td><td rowspan="2">150</td><td rowspan="8">630</td></tr>
<tr><td rowspan="4">36</td><td rowspan="2">670</td></tr>
<tr><td rowspan="2">38</td><td rowspan="8">160</td><td rowspan="2">170</td><td rowspan="4">710</td></tr>
<tr><td rowspan="9">40</td><td rowspan="4">180</td><td rowspan="2">750</td></tr>
<tr><td rowspan="2">42</td><td rowspan="2">190</td><td rowspan="8">800</td></tr>
<tr><td rowspan="4">45</td><td rowspan="2">850</td></tr>
<tr><td rowspan="2">48</td><td rowspan="8">200</td><td rowspan="2">212</td><td rowspan="4">900</td></tr>
<tr><td rowspan="4">225</td><td rowspan="2">950</td></tr>
<tr><td rowspan="9">50</td><td rowspan="2">53</td><td rowspan="2">236</td><td rowspan="8">1 000</td></tr>
<tr><td rowspan="4">56</td><td rowspan="2">1 060</td></tr>
<tr><td rowspan="2">60</td><td rowspan="8">250</td><td rowspan="2">265</td><td rowspan="4">1 120</td></tr>
<tr><td rowspan="4">280</td><td rowspan="2">1 180</td></tr>
<tr><td rowspan="8">63</td><td rowspan="2">67</td><td rowspan="2">300</td><td rowspan="10">1 250</td></tr>
<tr><td rowspan="4">71</td><td rowspan="2">1 320</td></tr>
<tr><td rowspan="2">75</td><td rowspan="8">315</td><td rowspan="2">335</td><td rowspan="4">1 400</td></tr>
<tr><td rowspan="7">355</td><td rowspan="2">1 500</td></tr>
<tr><td rowspan="2">85</td><td rowspan="2">375</td><td rowspan="6">1 600</td></tr>
<tr><td rowspan="5">80</td><td rowspan="5">90</td><td rowspan="5"></td></tr>
<tr><td rowspan="4">95</td><td rowspan="4">400</td><td rowspan="4">425</td><td rowspan="4"></td></tr>
<tr></tr>
<tr><td rowspan="2">100</td></tr>
<tr></tr>
</table>

<table>
<tr><th rowspan="2">轴高 h</th><th colspan="2">极限偏差</th><th colspan="3">平行度公差</th></tr>
<tr><th>电动机、从动机器、减速器等</th><th>除电动机以外的主动机器</th><th><i>L</i><2.5<i>h</i></th><th>2.5<i>h</i>≤<i>L</i>≤4<i>h</i></th><th><i>L</i>>4<i>h</i></th></tr>
<tr><td>25～50</td><td>0
−0.4</td><td>+0.4
0</td><td>0.2</td><td>0.3</td><td>0.4</td></tr>
<tr><td>>50～250</td><td>0
−0.5</td><td>+0.5
0</td><td>0.25</td><td>0.4</td><td>0.5</td></tr>
</table>

续表 10-32

轴高 h	极 限 偏 差		平 行 度 公 差		
	电动机、从动机器、减速器等	除电动机以外的主动机器	$L<2.5h$	$2.5h \leqslant L \leqslant 4h$	$L>4h$
>250~630	0 -1.0	+1.0 0	0.5	0.75	1.0
>630~1 000	0 -1.5	+1.5 0	0.75	1.0	1.5
>1 000	0 -2.0	+2.0 0	1.0	1.5	2.0

注：1. 轴高应优先选用第Ⅰ系列的数值，如不能满足需要时，可选用第Ⅱ系列的数值，其次选用第Ⅲ系列的数值，第Ⅳ系列的数值尽量不采用。
2. 当轴高大于 1 600 mm 时，推荐选用 160~1 000 mm 范围内的数值再乘以 10。
3. 对于支承平面不在底部的机器，选用极限偏差及平行度公差时，应按轴伸轴线到机器底部的距离选取，即假设支承面是在机器底部的最低点。
4. L 为轴的全长（一般应在轴的两端点测量，若不能在两端点测量时，可取轴上任意两点，其测量结果应按轴的全长和该两点间的距离之比相应增大）。

10.14 轴肩和轴环尺寸（参考）

表 10-33 轴肩和轴环尺寸（参考）   mm

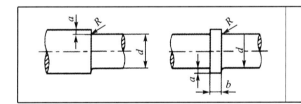

$a=(0.07\sim 0.1)d$
$b \approx 1.4a$
定位用 $a>R$
R——倒圆半径

10.15 锥度与锥角

表 10-34 一般用途圆锥的锥度与锥角（摘自 GB/T 157—2001）

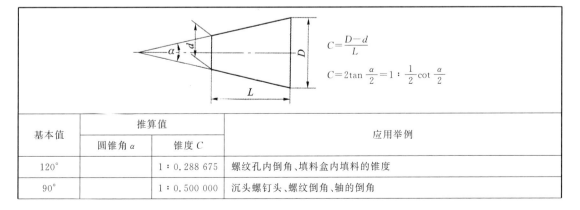

$C=\dfrac{D-d}{L}$

$C=2\tan\dfrac{\alpha}{2}=1:\dfrac{1}{2}\cot\dfrac{\alpha}{2}$

基本值	推算值		应用举例
	圆锥角 α	锥度 C	
120°		1:0.288 675	螺纹孔内倒角、填料盒内填料的锥度
90°		1:0.500 000	沉头螺钉头、螺纹倒角、轴的倒角

续表 10－34

基本值	推算值		应用举例
	圆锥角 α	锥度 C	
60°		1∶0.866 025	车床顶尖、中心孔
45°		1∶1.207 107	轻型螺旋管接口的锥形密合
30°		1∶1.866 025	摩擦离合器
1∶3	18°55′28.7″		具有极限转矩的摩擦圆锥离合器
1∶5	11°25′16.3″		易拆机件的锥形连接、锥形摩擦离合器
1∶10	5°43′29.3″		受轴向力及横向力的锥形零件的接合面、电动机及其他机械的锥形轴端
1∶20	2°51′51.1″		机床主轴的锥度、刀具尾柄、公制锥度铰刀、圆锥螺栓
1∶30	1°54′34.9″		装柄的铰刀及扩孔钻
1∶50	1°8′45.2″		圆锥销、定位销、圆锥销孔的铰刀
1∶100	0°34′22.6″		承受陡振及静、变载荷的不需拆开的连接零件、楔键
1∶200	0°17′11.3″		承受陡振及冲击变载荷的需拆开的连接零件、圆锥螺栓

10.16 螺纹及螺纹连接件

表 10－35 普通螺纹螺距及基本尺寸(摘自 GB/T 196—2003) mm

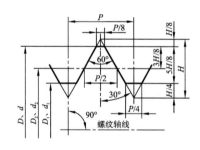

$H=0.866P$

$d_2=d-0.649\,5P$

$d_1=d-1.082\,5P$

D、d——内、外螺纹大径

D_2、d_2——内、外螺纹中径

D_1、d_1——内、外螺纹小径

P——螺距

标记示例：

M10－6g：公称直径为 10 mm、螺纹为右旋、中径及大径公差带代号均为 6g、螺纹旋合长度为 N 的粗牙普通螺纹

M10×1－6H：公称直径为 10 mm、螺距为 1 mm、螺纹为右旋、中径及大径公差带代号均为 6H、螺纹旋合长度为 N 的细牙普通内螺纹

M20×2 左－5g6g－S：公称直径为 20 mm、螺距为 2 mm、螺纹为左旋、中径及大径公差带代号分别为 5g 和 6g、螺纹旋合长度为 S 的细牙普通螺纹

M20×2－6H/6g：公称直径为 20 mm、螺距为 2 mm、螺纹为右旋、内螺纹中径及大径公差带代号均为 6H、外螺纹中径及大径公差带代号均为 6g、螺纹旋合长度为 N 的细牙普通螺纹的螺纹副

续表 10－35

公称直径 D、d		螺距 P	中径 D_2、d_2	小径 D_1、d_1
第一系列	第二系列			
3		0.5	2.675	2.459
		0.35	2.773	2.621
	3.5	(0.6)	3.110	2.850
		0.35	3.273	3.121
4		0.7	3.545	3.242
		0.5	3.675	3.459
	4.5	(0.75)	4.013	3.688
		0.5	4.175	3.959
5		0.8	4.480	4.134
		0.5	4.675	4.459
6		1	5.350	4.917
		0.75	5.513	5.188
8		1.25	7.188	6.647
		1	7.350	6.917
		0.75	7.513	7.188
10		1.5	9.026	8.376
		1.25	9.188	8.674
		1	9.350	8.917
		0.75	9.513	9.188
12		1.75	10.863	10.106
		1.5	11.026	10.376
		1.25	11.188	10.647
		1	11.350	10.917
	14	2	12.701	11.835
		1.5	13.026	12.376
		1	13.350	12.917
16		2	14.701	13.835
		1.5	15.026	14.376
		1	15.350	14.917
	18	2.5	16.376	15.294
		2	16.701	15.835
		1.5	17.026	16.376
		1	17.350	16.917
20		2.5	18.376	17.294
		2	18.701	17.835
		1.5	19.026	18.376
		1	19.350	18.917
	22	2.5	20.376	19.294
		2	20.701	19.835
		1.5	21.026	20.376
		1	21.350	20.917
24		3	22.051	20.752
		2	22.701	21.835
		1.5	23.026	22.376
		1	23.350	22.917
	27	3	25.051	23.752
		2	25.701	24.835
		1.5	26.026	25.736
		1	26.350	25.917
30		3.5	27.727	26.211
		2	28.701	27.835
		1.5	29.026	28.376
		1	29.350	28.917
	33	3.5	30.727	29.211
		2	31.707	30.835
		1.5	32.026	31.376
36		4	33.402	31.670
		3	34.051	32.752
		2	34.701	33.835
		1.5	35.026	34.376
	39	4	36.402	34.670
		3	37.051	35.752
		2	37.701	36.835
		1.5	38.026	37.376
42		4.5	39.077	37.129
		3	40.051	38.752
		2	40.701	39.835
		1.5	41.026	40.376
	45	4.5	42.077	40.129
		3	43.051	41.752
		2	43.701	42.853
		1.5	44.026	43.376
48		5	44.752	42.587
		3	46.051	44.752
		2	46.701	45.835
		1.5	47.026	46.376
	52	5	48.752	46.587
		3	50.051	48.752
		2	50.701	49.835
		1.5	51.026	50.376
56		5.5	52.428	50.046
		4	53.402	51.670
		3	54.051	52.752
		2	54.701	53.835
		1.5	55.026	54.376
	60	(5.5)	56.428	54.046
		4	47.402	55.670
		3	58.051	56.752
		2	58.701	57.835
		1.5	59.026	58.376
64		6	60.103	57.505
		4	61.402	59.670
		3	62.051	60.752

注：1. “螺距 P”栏中第一个数值为粗牙螺矩，其余为细牙螺距。

2. 优先选用第一系列，其次是第二系列，第三系列(表中未列出)尽可能不用。

3. 括号内尺寸尽可能不用。

表 10-36　普通内外螺纹常用公差带(摘自 GB/T 197—2003)

精度	内螺纹						外螺纹											
	公差带位置						公差带位置											
	G			H			e			f			g			h		
	S	*N*	*L*	*S*	*N*	*L*	*S*	*N*	*L*	*S*	*N*	*L*	*S*	*N*	*L*	*S*	*N*	*L*
精密	—	—	—	4H	5H	6H	—	—	—	—	—	—	—	(4g)	(5g、4g)	(3h、4h)	4h*	(5h、4h)
中等	(5G)	6G	(7G)	5H*	[6H*]	7H*	—	6e*	(7e、6e)	—	6f*	—	(5g、6g)	[6g]*	(7g、6g)	(5h、6h)	6h*	(7h、6h)
粗糙	—	(7G)	(8G)	—	7H	8H	—	(8e)	(9e、8e)	—	—	—	—	8g	(9g、8g)	—	—	—

注：1. 大量生产的精制紧固件螺纹，推荐采用带方框的公差带。
2. 精密精度——用于精密螺纹，当要求配合性质变动较小时采用；中等精度——一般用途；粗糙精度——精度要求不高或制造比困难时采用。
3. *S*——短旋合长度；*N*——中等旋合长度；*L*——长旋合长度。
4. 带 * 的公差带应优先选用，括号内的公差带尽可能不用。
5. 内外螺纹的选用公差带可以任意组合，为了保证足够的接触高度，完工后的零件最好组合成 H/g、H/h 或 G/h 的配合。

表 10-37　六角头螺栓 A 和 B 极(摘自 GB/T 5782—2000)、
六角头螺栓全螺纹 A 和 B 级(摘自 GB/T 5783—2000)

mm

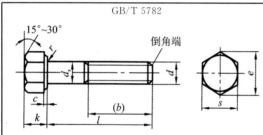

GB/T 5782

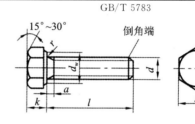

标记示例：
螺纹规格 d=M12、公称长度 l=80 mm、性能等级为 8.8 级、表面氧化、A 级的六角头螺栓标记为：螺栓 GB/T 5782 M12×80

GB/T 5783

标记示例：
螺纹规格 d=M12、公称长度 l=80、性能等级为 8.8 级、表面氧化、全螺纹、A 级的六角头螺栓标记为：螺栓 GB/T 5783 M12×80

螺纹规格 d			M3	M4	M5	M6	M8	M10	M12	(M14)	M16	(M18)	M20	(M22)	M24
b(参考)	$l \leqslant 125$		12	14	16	18	22	26	30	34	38	42	46	50	54
	$125 < l \leqslant 200$		18	20	22	24	28	32	36	40	44	48	52	56	60
	$l > 200$		31	33	33	37	41	45	49	53	57	61	65	69	73
a	max		1.5	2.1	2.4	3	3.75	4.5	5.25	6	6	7.5	7.5	7.5	9
C	max		0.4	0.4	0.5	0.5	0.6	0.6	0.6	0.6	0.8	0.8	0.8	0.8	0.8
	min		0.15	0.15	0.15	0.15	0.15	0.15	0.15	0.15	0.2	0.2	0.2	0.2	0.2
d_w	min	A	4.57	5.88	6.88	8.88	11.63	14.63	16.63	19.64	22.49	25.34	28.19	31.71	33.61
		B	4.45	5.74	6.74	8.74	11.47	14.47	16.47	19.15	22	24.85	27.7	31.35	33.25
e	min	A	6.01	7.66	8.79	11.05	14.38	17.77	20.03	23.35	26.75	30.14	33.53	37.72	39.98
		B	5.88	7.50	8.63	10.89	14.20	17.59	19.85	22.78	26.17	29.56	32.95	37.29	39.55
k	公称		2	2.8	3.5	4	5.3	6.4	7.5	8.8	10	11.5	12.5	14	15

续表 10-37

螺纹规格 d		M3	M4	M5	M6	M8	M10	M12	(M14)	M16	(M18)	M20	(M22)	M24
r	min	0.1	0.2	0.2	0.25	0.4	0.4	0.6	0.6	0.6	0.6	0.8	0.8	0.8
s	公称	5.5	7	8	10	13	16	18	21	24	27	30	34	36
l 范围		20～30	25～40	25～50	30～60	35～80	40～100	45～120	60～140	55～160	60～180	65～200	70～200	80～240
l 范围(全螺纹)		6～30	8～40	10～50	12～60	16～80	20～100	25～120	30～140	30～150	35～180	40～150	45～200	50～150
l 系列		6,8,10,12,16,20～70(5 进位),80～160(10 进位),180～360(20 进位)												

技术条件	材料	力学性能等级	螺纹公差	公差产品等级	表面处理
	钢	8.8	6g	A 级用于 $d \leq 24$ 或 $l \leq 10d$ 或 $l \leq 150$ B 级用于 $d > 24$ 或 $l > 10d$ 或 $l > 150$	氧化或镀锌钝化

注：1. A、B 为产品等级，A 级最精确，C 级最不精确。C 级产品详见 G/T 5780—2000，GB/T 5781—2000。
2. l 系列中，M14 中的 55、65，M18 和 M20 中的 65 以及全螺纹中的 55、65 等规格尽量不采用。
3. 括号内为第二系列螺纹直径规格，尽量不采用。

表 10-38　六角头铰制孔用螺栓——A 和 B 级(摘自 GB/T 27—1988)　　　　mm

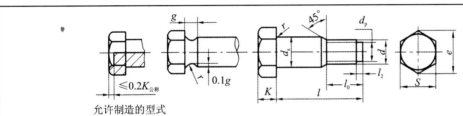

允许制造的型式

标记示例：
螺纹规格 $d = M12$，d_s 尺寸按表规定，公称长度 $l = 80$ mm，性能等级为 8.8 级，表面氧化处理，A 级的六角头铰制孔用螺栓：螺栓 GB/T 27 M12×80
当 d_s 按 m6 制造时应标记为：螺栓 GB/T 27 M12×m6×80

螺纹规格 d		M6	M8	M10	M12	(M14)	M16	(M18)	M20	(M22)	M24	(M27)	M30	M36
d_s(h9)	max	7	9	11	13	15	17	19	21	23	25	28	32	38
S	max	10	13	16	18	21	24	27	30	34	36	41	46	55
K	公称	4	5	6	7	8	9	10	11	12	13	15	17	20
r	min	0.25	0.4	0.4	0.6	0.6	0.6	0.6	0.8	0.8	0.8	1	1	1
d_p		4	5.5	7	8.5	10	12	13	15	17	18	21	23	28
l_2		1.5		2		3			4			5		6
e_{min}	A	11.05	14.38	17.77	20.03	23.35	26.75	30.14	33.53	37.72	39.98	—	—	—
	B	10.89	14.20	17.59	19.85	22.78	26.17	29.56	32.95	37.29	39.55	45.2	50.85	60.79
g		2.5				3.5					5			
l_0		12	15	18	22	25	28	30	32	35	38	42	50	55
l 范围		25～65	25～80	30～120	35～180	40～180	45～200	50～200	55～200	60～200	65～200	75～200	80～230	90～300
l 系列		25,(28),30,(32),35,(38),40,45,50,(55),60,(65),70,(75),80,85,90,(95),100～260(10 进位),280,300												

注：尽可能不采用括号内的规格。

表 10-39 双头螺柱 $b_m=1d$(摘自 GB/T 897—1988)、双头螺柱 $b_m=1.25d$(摘自 GB/T 898—1988)、
双头螺柱 $b_m=1.5d$(摘自 GB/T 899—1998) mm

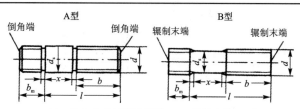

$x \leqslant 1.5P$,P 为粗牙螺纹螺距,$d_2 \approx$ 螺纹中径(B 型)

标记示例:

两端均为粗牙普通螺纹,$d=10$ mm,$l=50$ mm,性能等级为 4.8 级,不经表面处理,B 型 $b_m=1.25d$ 的双头螺柱:

螺柱 GB/T 898 M10×50

旋入机体一端为粗牙普通螺纹,旋螺母一端为螺距 $P=1$ mm 的细牙普通螺纹,$d=10$ mm,$l=50$ mm,性能等级为 4.8 级,不经表面处理,A 型,$b_m=1.25d$ 的双头螺柱:

螺柱 GB/T 898 AM10-M10×1×50

旋入机体一端为过渡配合螺纹的第一种配合,旋螺母一端为粗牙普通螺纹,$d=10$ mm,$l=50$ mm,性能等级为 8.8 级,镀锌钝化,B 型,$b_m=1.25d$ 的双头螺柱:

螺柱 GB/T 898 GM10-M10×50-8.8-Z_n·D

螺纹规格 d		5	6	8	10	12	(14)	16	(18)	20	24	30
b_m (公称)	GB/T 897	5	6	8	10	12	14	16	18	20	24	30
	GB/T 898	6	8	10	12	15	18	20	22	25	30	38
	GB/T 899	8	10	12	15	18	21	24	27	30	36	45
d_s	max						=d					
	min	4.7	5.7	7.64	9.64	11.57	13.57	15.57	17.57	19.48	23.48	29.48
l(公称) / b		$\frac{16\sim22}{10}$	$\frac{20\sim22}{10}$	$\frac{20\sim22}{12}$	$\frac{25\sim28}{14}$	$\frac{25\sim30}{16}$	$\frac{30\sim35}{18}$	$\frac{30\sim38}{20}$	$\frac{35\sim40}{22}$	$\frac{35\sim40}{25}$	$\frac{45\sim50}{30}$	$\frac{60\sim65}{40}$
		$\frac{25\sim50}{16}$	$\frac{25\sim30}{14}$	$\frac{25\sim30}{16}$	$\frac{30\sim38}{16}$	$\frac{32\sim40}{20}$	$\frac{38\sim45}{25}$	$\frac{40\sim55}{30}$	$\frac{45\sim60}{35}$	$\frac{45\sim65}{35}$	$\frac{55\sim75}{45}$	$\frac{70\sim90}{50}$
			$\frac{32\sim75}{18}$	$\frac{32\sim90}{22}$	$\frac{40\sim120}{26}$	$\frac{45\sim120}{30}$	$\frac{50\sim120}{34}$	$\frac{60\sim120}{38}$	$\frac{65\sim120}{42}$	$\frac{70\sim120}{46}$	$\frac{80\sim120}{66}$	$\frac{90\sim120}{66}$
					$\frac{130}{32}$	$\frac{130\sim180}{36}$	$\frac{130\sim180}{40}$	$\frac{130\sim200}{44}$	$\frac{130\sim200}{48}$	$\frac{130\sim200}{52}$	$\frac{130\sim200}{60}$	$\frac{130\sim200}{72}$
												$\frac{210\sim250}{85}$
范围		16~50	20~75	20~90	25~130	25~180	30~180	30~200	35~200	35~200	45~200	60~250
l 系列		16,(18),20,(22),25,(28),30,(32),35,(38),40~100(5 进位),110~260(10 进位),280,300										

注:括号内的规格尽可能不用。

表 10-40 开槽锥端紧定螺钉(摘自 GB/T 71—1985)、开槽平端紧定螺钉(摘自 GB/T 73—1985)、开槽长圆柱端紧定螺钉(摘自 GB/T 75—1985) mm

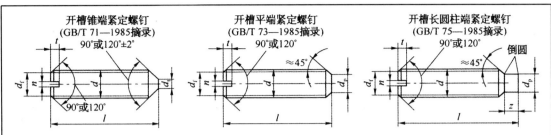

标记示例：

螺钉 GB/T 71—1985 M5×12：螺纹规格 d=M5，公称长度 l=12 mm，性能等级为 14H，表面氧化的开槽锥端紧定螺钉

螺钉 GB/T 73—1985 M5×12：螺纹规格 d=M5，公称长度 l=12 mm，性能等级为 14H，表面氧化的开槽锥端紧定螺钉

螺钉 GB/T 75—1985 M5×12：螺纹规格 d=M5，公称长度 l=12 mm，性能等级为 14H，表面氧化的开槽长圆柱端紧定螺钉

螺纹规格 d		M3	M4	M5	M6	M8	M10	M12
螺距 P		0.5	0.7	0.8	1	1.25	1.5	1.75
d_f≈		螺纹小径						
d_t	max	0.3	0.4	0.5	1.5	2	2.5	3
d_p	max	2	2.5	3.5	4	5.5	7	8.5
n	公称	0.4	0.5	0.8	1	1.2	1.6	2
t	min	0.8	1.12	1.28	1.6	2	2.4	2.8
z	max	1.75	2.25	2.75	3.25	4.3	5.3	6.3
l 范围（商品规格）	GB/T 71—1985	4～16	6～20	8～25	8～30	10～40	12～50	14～60
	GB/T 73—1985	3～15	4～20	5～25	6～30	8～40	10～50	12～60
	GB/T 75—1985	5～16	6～20	8～25	8～30	10～40	12～50	14～60
	短螺钉 GB/T 73—1985	3	4	5	6	—	—	—
	短螺钉 GB/T 75—1985	5	6	8	8,10	10,12,14	12,14,16	14,16,20
公称长度 l 系列		3,4,5,6,8,10,12,(14),16,20,25,30,35,40,45,50,(55),60						

技术条件	材　料	力学性能等级	螺纹公差	公差产品等级	表面处理
	钢	14H,22H	6g	A	氧化或镀锌钝化

注：尽可能不采用括号内的规格。

表 10-41 内六角圆柱头螺钉(摘自 GB/T 70.1—2008) mm

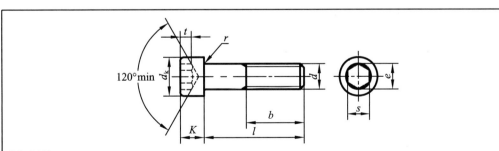

标记标例：

螺钉 GB/T 70.1—2008 M5×20：螺纹规格 d=M5，公称长度 l=20 mm，性能等级为 8.8 级，表面氧化的内六角圆柱头螺钉

续表 10-41

螺纹规格 d	M5	M6	M8	M10	M12	M16	M20	M24	M30	M36
b(参考)	22	24	28	32	36	44	52	60	72	84
d_K(max)	8.5	10	13	16	18	24	30	36	45	54
e(min)	4.58	5.72	6.86	9.15	11.43	16	19.44	21.73	25.15	30.85
K(max)	5	6	8	10	12	16	20	24	30	36
s(公称)	4	5	6	8	10	14	17	19	22	27
t(min)	2.5	3	4	5	6	8	10	12	15.5	19
l 范围(公称)	8～50	10～60	12～80	16～100	20～120	25～160	30～200	40～200	45～200	55～200
制成全螺纹时 $l\leqslant$	25	30	35	40	45	55	65	80	90	110
l 系列(公称)	8,10,12,16,20～65(5 进位),70～160(10 进位),180,200									

表 10-42　十字槽盘头螺钉(摘自 GB/T 818—2000)、十字槽沉头螺钉(摘自 GB/T 819.1—2000)

mm

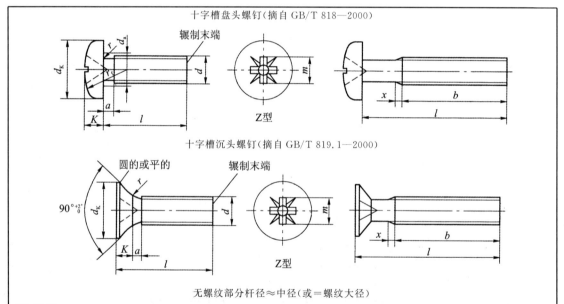

十字槽盘头螺钉(摘自 GB/T 818—2000)

十字槽沉头螺钉(摘自 GB/T 819.1—2000)

无螺纹部分杆径≈中径(或=螺纹大径)

标记示例:

螺钉 GB/T 818—2000 M5×20:螺纹规格 d=M5,公称长度 l=20 mm,性能等级为 4.8 级,不经表面处理的 A 级十字槽盘头螺钉

螺钉 GB/T 819.1—2000 M5×20:螺纹规格 d=M5,公称长度 l=20 mm,性能等级为 4.8 级,不经表面处理的 A 级十字槽沉头螺钉

螺纹规格 d		M1.6	M2	M2.5	M3	M4	M5	M6	M8	M10
螺矩 P		0.35	0.4	0.45	0.5	0.7	0.8	1	1.25	1.5
a	max	0.7	0.8	0.9	1	1.4	1.6	2	2.5	3
b	min	25	25	25	25	38	38	38	38	38
x	max	0.9	1	1.1	1.25	1.75	2	2.5	3.2	3.8

续表 10-42

十字槽盘头螺钉	d_a	max	2.1	2.6	3.1	3.6	4.7	5.7	6.8	9.2	11.2
	d_K	max	3.2	4	5	5.6	8	9.5	12	16	20
	K	max	1.3	1.6	2.1	2.4	3.1	3.7	4.6	6	7.5
	r	min	0.1	0.1	0.1	0.1	0.2	0.2	0.25	0.4	0.4
	r_f	≈	2.5	3.2	4	5	6.5	8	10	13	16
	m	参考	1.7	1.9	2.6	2.9	4.4	4.6	6.8	8.8	10
	l 商品规格范围		3～16	3～20	3～25	4～30	5～40	6～45	8～60	10～60	12～6
十字槽沉头螺钉	d_K	max	3	3.8	4.7	5.5	8.4	9.3	11.3	15.8	18.3
	K	max	1	1.2	1.5	1.65	2.7	2.7	3.3	4.65	5
	r	max	0.4	0.5	0.6	0.8	1	1.3	1.5	2	2.5
	m	参考	1.8	2	3	3.2	4.6	5.1	6.8	9	10
	l 商品规格范围		3～16	3～20	3～25	4～30	5～40	6～45	8～60	10～60	12～60
公称长度 l 系列			3,4,5,6,8,10,12,(14),16,20～60(5 进位)								

技术条件	材料	力学性能等级	螺纹公差	公差产品等级	表面处理
	钢	4.8	6g	A	1. 不经处理 2. 电镀或协议

注：1. 尽可能不采用公称长度 l 中的(14)、(55)等规格。

2. 对十字槽盘头螺钉，$d \leqslant$ M3、$l \leqslant 25$ mm 或 $d \geqslant$ M4、$l \leqslant 40$ mm 时，制出全螺纹($b=l-a$)；
对十字槽沉头螺钉，$d \leqslant$ M3、$l \leqslant 30$ mm 或 $d \geqslant$ M4、$l \leqslant 45$ mm 时，制出全螺纹[$b=l-(K+a)$]。

3. GB/T 818—2000 材料可选不锈钢或有色金属。

表 10-43　开槽盘头螺钉(摘自 GB/T 67—2008)、开槽沉头螺钉(摘自 GB/T 68—2000)

mm

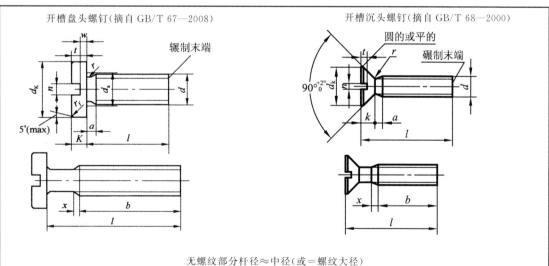

开槽盘头螺钉(摘自 GB/T 67—2008)　　　　开槽沉头螺钉(摘自 GB/T 68—2000)

无螺纹部分杆径≈中径(或=螺纹大径)

标记示例：

螺钉 GB/T 67—2008 M5×20：螺纹规格 d=M5，公称长度 l=20 mm，性能等级为 4.8 级，不经表面处理的 A 级开槽盘头螺钉

螺钉 GB/T 68—2000 M5×20：螺纹规格 d=M5，公称长度 l=20 mm，性能等级为 4.8 级，不经表面处理的 A 级开槽沉头螺钉

续表 10－43

螺纹规格 d			M1.6	M2	M2.5	M3	M4	M5	M6	M8	M10
螺距 P			0.35	0.4	0.45	0.5	0.7	0.8	1	1.25	1.5
	a	max	0.7	0.8	0.9	1	1.4	1.6	2	2.5	3
	b	min	25	25	25	25	38	38	38	38	38
	n	公称	0.4	0.5	0.6	0.8	1.2	1.2	1.6	2	2.5
	x	max	0.9	1	1.1	1.25	1.75	2	2.5	3.2	3.8
开槽盘头螺钉	d_K	max	3.2	4	5	5.6	8	9.5	12	16	20
	d_a	max	2	2.6	3.1	3.6	4.7	5.7	6.8	9.2	11.2
	K	max	1	1.3	1.5	1.8	2.4	3	3.6	4.8	6
	r	min	0.1	0.1	0.1	0.1	0.2	0.2	0.25	0.4	0.4
	r_f	参考	0.5	0.6	0.8	0.9	1.2	1.5	1.8	2.4	3
	t	min	0.35	0.5	0.6	0.7	1	1.2	1.4	1.9	2.4
	w	min	0.3	0.4	0.5	0.7	1	1.2	1.4	1.9	2.4
	l 商品规格范围		2～16	2.5～20	3～25	4～30	5～40	6～50	8～60	10～80	12～80
开槽沉头螺钉	d_K	max	3	3.8	4.7	5.5	8.4	9.3	11.3	15.8	18.3
	K	max	1	1.2	1.5	1.65	2.7	2.7	3.3	4.65	5
	n	max	0.4	0.5	0.6	0.8	1	1.3	1.5	2	2.5
	t	min	0.32	0.4	0.5	0.6	1	1.1	1.2	1.8	2
	l 商品规格范围		2.5～16	3～20	4～25	5～30	6～40	8～50	8～60	10～80	12～80
公称长度 l 系列			2,2.5,3,4,5,6,6.8,10,12,(14),16,20～80(5 进位)								
技术条件			材　料	性能等级	螺纹公差	公差产品等级	表面处理				
			钢	4.8、5.8	6g	A	不经处理				

注：1. 公称长度 l 中的(14)、(55)、(65)、(75)等规格尽可能不采用。

2. 对开槽盘头螺钉，$d \leqslant$ M3、$l \leqslant 30$ mm 或 $d \geqslant$ M4、$l \leqslant 40$ mm 时，制出全螺纹($b=l-a$)；

对开槽沉头螺钉，$d \leqslant$ M3、$l \leqslant 30$ mm 或 $d \geqslant$ M4、$l \leqslant 45$ mm 时，制出全螺纹[$b=l-(K+a)$]。

表 10－44　Ⅰ型六角螺母——A 级和 B 级(摘自 GB/T 6170—2000)、六角薄螺母——A 级和 B 级(摘自 GB/T 6172.1—2000)　　mm

允许制造形式(GB/T 6170—2000)

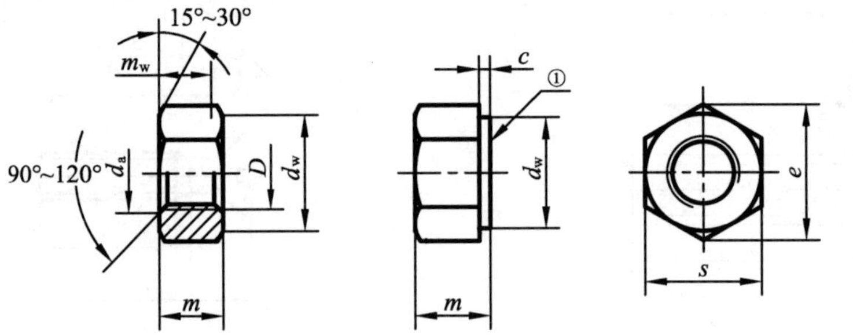

标记示例：

螺母 GB/T 6170—2000 M12：螺纹规格 D＝M12，性能等级为 8 级，不经表面处理，产品等级为 A 级的Ⅰ型六角螺母

螺母 GB/T 6172.1—2000 M12：螺纹规格 D＝M12，性能等级为 04 级，不经表面处理，产品等级为 A 级的六角螺母

续表 10－44

螺纹规格 D		M3	M4	M5	M6	M8	M10	M12	(M14)	M16	(M18)	M20	(M22)	M24	(M27)	M30	M36
d_a	max	3.45	4.6	5.75	6.75	8.75	10.8	13	15.1	17.30	19.5	21.6	23.7	25.9	29.1	32.4	38.9
d_w	min	4.6	5.9	6.9	8.9	11.6	14.6	16.6	19.6	22.5	24.9	27.7	31.4	33.3	38	42.8	51.1
e	min	6.01	7.66	8.79	11.05	14.38	17.77	20.03	23.36	26.75	29.56	32.95	37.29	39.55	45.2	50.85	60.79
s	max	5.5	7	8	10	13	16	18	21	24	27	30	34	36	41	46	55
c	max	0.4	0.4	0.5	0.5	0.6	0.6	0.6	0.6	0.8	0.8	0.8	0.8	0.8	0.8	0.8	0.8
m	六角螺母	2.4	3.2	4.7	5.2	6.8	8.4	10.8	12.8	14.8	15.8	18	19.4	21.5	23.8	25.6	31
(max)	薄螺母	1.8	2.2	2.7	3.2	4	5	6	7	8	9	10	11	12	135	15	18
技术条件		材　料		性能等级			螺纹公差		公差产品等级			表面处理					
		钢		六角螺母 6、8、10 薄螺母 04、05			6H		A 级用于 $D \leqslant$ M16 B 级用于 $D>$ M16			不级处理					

注：尽可能不采用括号内的规格。

表 10－45　圆螺母(GB/T 812——1988 摘录)　　mm

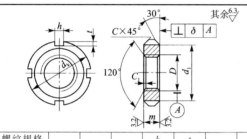

$D \leqslant$ M100×2，槽数 $n=4$

$D \leqslant$ M105×2，槽数 $n=6$

标记示例：

螺纹规格 $D \times p=$ M16×1.5，材料为 45 钢，全部热处理后，硬度为 35～45 HRC，表面氧化的圆螺母的标记：螺母 GB/T 812 M16×1.5

螺纹规格 $D \times p$	d_k	d_1	m	h min	t min	c	c_1
M10×1	22	16	8	4	2	0.5	0.5
M12×1.25	25	19					
M14×1.5	28	20		5	2.5		
M16×1.5	30	22					
M18×1.5	32	24					
M20×1.5	35	27					
M22×1.5	38	30	10				
M24×1.5	42	34				1	
M25×1.5*							
M27×1.5	45	37					
M30×1.5	48	40					
M33×1.5	52	43		6	3		
M35×1.5*							
M36×1.5	55	46					
M39×1.5	58	49				1.5	
M40×1.5*							
M42×1.5	62	53					
M45×1.5	68	59					

螺纹规格 $D \times p$	d_k	d_1	m	h min	t min	c	c_1
M48×1.5	72	61	12	8	3.5	1.5	0.5
M50×1.5*							
M52×1.5	78	67					
M55×2*							
M56×2	85	74					1
M60×2	90	79					
M64×2	95	84					
M65×2*							
M68×2	100	88		10	4		
M72×2	105	93	15				
M75×2*							
M76×2	110	98					
M80×2	115	103					
M85×2	120	108					
M90×2	125	112	18	12	5		
M95×2	130	117					
M100×2	135	122					

注：* 仅用于滚动轴承锁紧装置。

表 10-46 小垫圈、平垫圈

mm

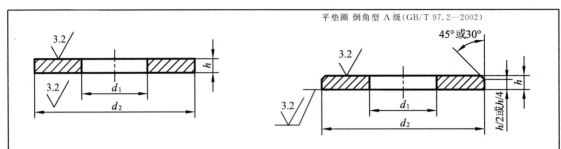

平垫圈 倒角型 A级(GB/T 97.2—2002)

标记示例：

小系列(或标准系列)、公称尺寸 d=8 mm、性能等级为 140 HV 级、不经表面处理的小垫圈(或平垫圈、倒角型平垫圈)的标记为：

垫圈　　GB/T 848 8-140 HV(或 GB/T 97.1　8-140 HV，或 GB/T 97.2　8-140 HV)

公称尺寸(螺纹规格 d)		1.6	2	2.5	3	4	5	6	8	10	12	14	16	20	24	30	36
d_1	GB/T 848	1.7	2.2	2.7	3.2	4.3	5.3	6.4	8.4	10.5	13	15	17	21	25	31	37
	GB/T 97.1																
	GB/T 97.2	—	—	—	—	—											
d_2	GB/T 848	3.5	4.5	5	6	8	9	11	15	18	20	24	28	34	39	50	60
	GB/T 97.1	4	5	6	7	9	10	12	16	20	24	28	30	37	44	56	66
	GB/T 97.2	—	—	—	—	—											
h	GB/T 848	0.3	0.3	0.5	0.5	0.5	1	1.6	1.6	1.6	2	2.5	2.5	3	4	4	5
	GB/T 97.1					0.8				2	2.5		3				
	GB/T 97.2	—	—	—	—	—											

表 10-47 标准型弹簧垫圈(GB/T 93—1987 摘录)、轻型弹簧垫圈(GB/T 859—1987 摘录)

mm

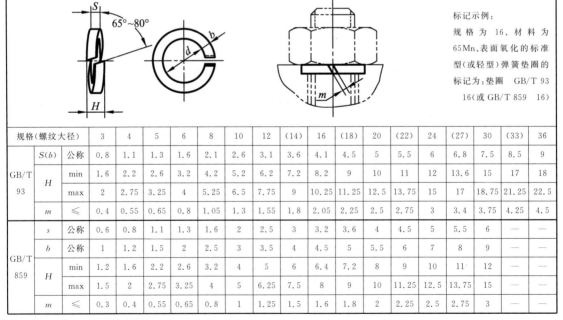

标记示例：

规格为 16、材料为 65Mn、表面氧化的标准型(或轻型)弹簧垫圈的标记为：垫圈　GB/T 93　16(或 GB/T 859　16)

规格(螺纹大径)			3	4	5	6	8	10	12	(14)	16	(18)	20	(22)	24	(27)	30	(33)	36
GB/T 93	$S(b)$	公称	0.8	1.1	1.3	1.6	2.1	2.6	3.1	3.6	4.1	4.5	5	5.5	6	6.8	7.5	8.5	9
	H	min	1.6	2.2	2.6	3.2	4.2	5.2	6.2	7.2	8.2	9	10	11	12	13.6	15	17	18
		max	2	2.75	3.25	4	5.25	6.5	7.75	9	10.25	11.25	12.5	13.75	15	17	18.75	21.25	22.5
	m	≤	0.4	0.55	0.65	0.8	1.05	1.3	1.55	1.8	2.05	2.25	2.5	2.75	3	3.4	3.75	4.25	4.5
GB/T 859	s	公称	0.6	0.8	1.1	1.3	1.6	2	2.5	3	3.2	3.6	4	4.5	5	5.5	6	—	—
	b	公称	1	1.2	1.5	2	2.5	3	3.5	4	4.5	5	5.5	6	7	8	9	—	—
	H	min	1.2	1.6	2.2	2.6	3.2	4	5	6	6.4	7.2	8	9	10	11	12	—	—
		max	1.5	2	2.75	3.25	4	5	6.25	7.5	8	9	10	11.25	12.5	13.75	15	—	—
	m	≤	0.3	0.4	0.55	0.65	0.8	1	1.25	1.5	1.6	1.8	2	2.25	2.5	2.75	3	—	—

注：尽可能不采用括号内的规格。

表 10 - 48　圆螺母用止动垫圈(GB/T 858—1988 摘录)　　mm

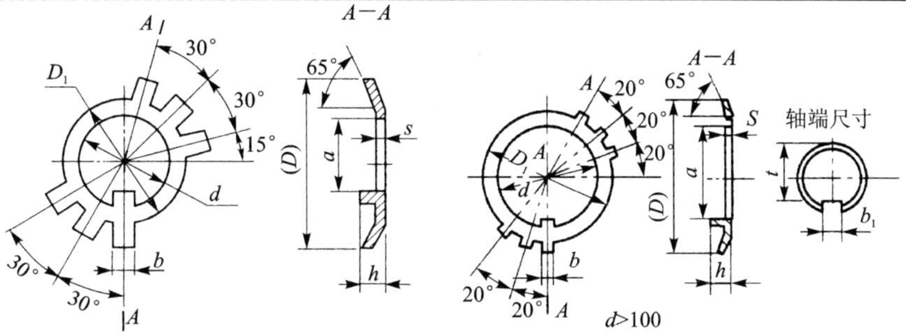

标记示例：

垫圈 GB/T 858　16(规格为 16、材料为 Q235 - A、经退火、表面氧化的圆螺母用止动垫圈)

规格(螺纹大径)	d	D(参考)	D_1	S	b	a	h	轴端	
								b_1	t
10	10.5	25	16	1	3.8	8	3	4	7
12	12.5	28	19			9			8
14	14.5	32	20			11			10
16	16.5	34	22		4.8	13		5	12
18	18.5	35	24			15	4		14
20	20.5	38	27			17			16
22	22.5	42	30			19			18
24	24.5	45	34			21			20
25 *	25.5					22			—
27	27.5	48	37			24	5		23
30	30.5	52	40			27			26
33	33.5	56	43	1.5	5.7	30		6	29
35 *	35.5					32			—
36	36.5	60	46			33			32
39	39.5	62	49			36			35
40 *	40.5					37			—
42	42.5	66	53			39			38
45	45.5	72	59			42			41
48	48.5	76	61		7.7	45		8	44
50 *	50.5					47			—
52	52.5	82	67			49	6		48
55 *	56					52			—
56	57	90	74			53			52
60	61	94	79			57			56
64	65	100	84			61			60
65 *	66					62			—
68	69	105	88		9.6	65		10	64
72	73	110	93			69	7		68
75 *	76					71			—
76	77	115	98			72			70
80	81	120	103			76			74
85	86	125	108			81			79
90	91	130	112	2	11.6	86		12	84
95	96	135	117			91			89
100	101	140	122			96			94
105	106	145	127			101			99

注：1. * 仅用于滚动轴承锁紧装置。

2. 轴端尺寸摘自 JB 34—1959。

表 10－49 螺栓和螺钉通孔及沉孔尺寸 mm

螺纹规格	螺栓和螺钉通孔直径 d_h（摘自 GB/T 5277—1985）			沉头螺钉及半沉头螺钉的沉孔（摘自 GB/T 152.2—1988）				内六角圆柱头螺钉的圆柱头沉孔（摘自 GB/T 152.3—1988）				六角头螺钉栓和六角螺母的沉孔（摘自 GT/B 152.4—1988）			
d	精装配	中等装配	粗装配	d_2	$t\approx$	d_1	α	d_2	t	d_3	d_1	d_2	d_3	d_1	t
M3	3.2	3.4	3.6	6.4	1.6	3.4	$90^{\circ}{}^{-2^{\circ}}_{-4^{\circ}}$	6.0	3.4	—	3.4	9	—	3.4	只要能制出与通孔轴线垂直的圆平面即可
M4	4.3	4.5	4.8	9.6	2.7	4.5		8.0	4.6		4.5	10		4.5	
M5	5.3	5.5	5.8	10.6	2.7	5.5		10.0	5.7		5.5	11		5.5	
M6	6.4	6.6	7	12.8	3.3	6.6		11.0	6.8		6.6	13		6.6	
M8	8.4	9	10	17.6	4.6	9		15.0	9.0		9.0	18		9.0	
M10	10.5	11	12	20.3	5.0	11		18.0	11.0		11.0	22		11.0	
M12	13	13.5	14.5	24.4	6.0	13.5		20.0	13.0	16	13.5	26	16	13.5	
M14	15	15.5	16.5	28.4	7.0	15.5		24.0	15.0	18	15.5	30	18	15.5	
M16	17	17.5	18.5	32.4	8.0	17.5		26.0	17.5	20	17.5	33	20	17.5	
M18	19	20	21	—	—	—		—	—	—	—	36	22	20.0	
M20	21	22	24	40.4	10.0	22		33.0	21.5	24	22.0	40	24	22.0	
M22	23	24	26	—	—	—		—	—	—	—	43	26	24	
M24	25	26	28					40.0	25.5	28	26.0	48	28	26	
M27	28	30	32					—	—	—	—	53	33	30	
M30	31	33	35					48.0	32.0	36	33.0	61	36	33	
M36	37	39	42					57.0	38.0	42	39.0	71	42	39	

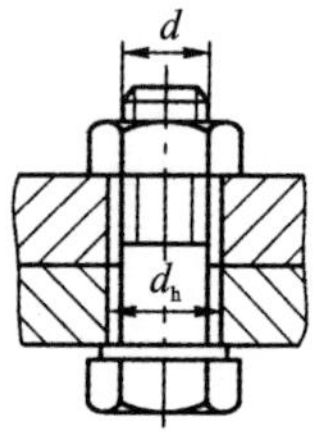

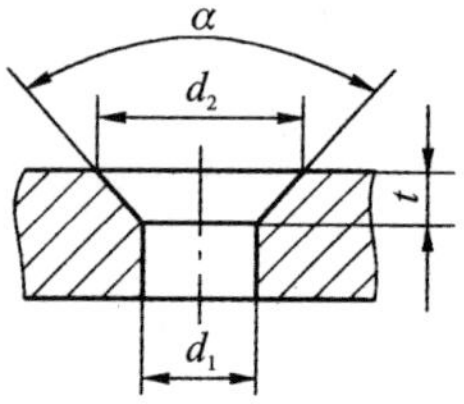

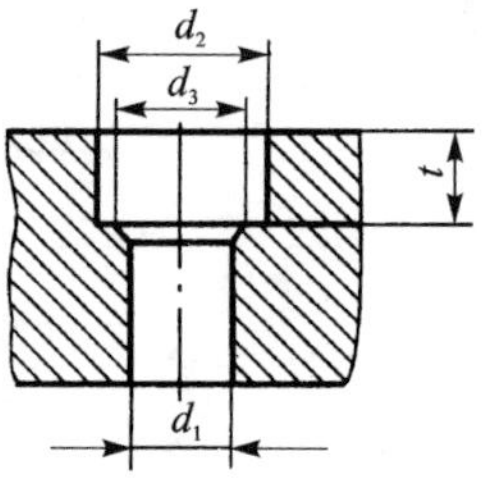

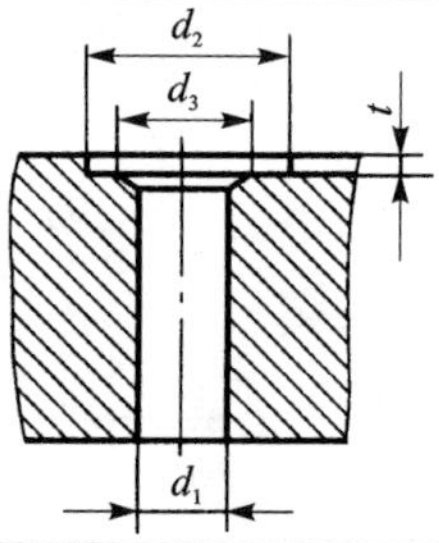

表 10－50 粗牙螺栓、螺钉的拧入深度和螺纹孔尺寸(参考) mm

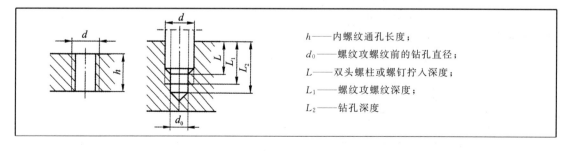

h——内螺纹通孔长度；

d_0——螺纹攻螺纹前的钻孔直径；

L——双头螺柱或螺钉拧入深度；

L_1——螺纹攻螺纹深度；

L_2——钻孔深度

续表 10 - 50

d	d_0	用于钢或青铜				用于铸铁				用于铝			
		h	L	L_1	L_2	h	L	L_1	L_2	h	L	L_1	L_2
6	5	8	6	10	12	12	10	14	16	15	12	24	29
8	6.8	10	8	12	16	15	12	16	20	20	16	26	30
10	8.5	12	10	16	20	18	15	20	24	24	20	34	38
12	10.2	15	12	18	22	22	18	24	28	28	24	38	42
16	14	20	16	24	28	28	24	30	34	36	32	50	54
20	17.5	25	20	30	35	35	30	38	44	45	40	62	68
24	21	30	24	36	42	42	35	48	54	55	48	78	84
30	26.5	36	30	44	52	50	45	56	62	70	60	94	102
36	32	45	36	52	60	65	55	66	74	80	72	106	114

表 10 - 51 轴上固定螺钉的孔(JB/ZQ 4251—1986 摘录)   mm

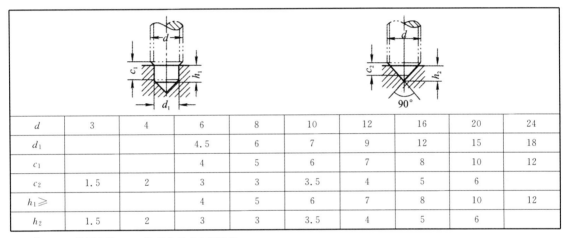

d	3	4	6	8	10	12	16	20	24
d_1			4.5	6	7	9	12	15	18
c_1			4	5	6	7	8	10	12
c_2	1.5	2	3	3	3.5	4	5	6	
$h_1 \geqslant$			4	5	6	7	8	10	12
h_2	1.5	2	3	3	3.5	4	5	6	

注：1. 工作图上除 c_1、c_2 外其他尺寸全部注出。
    2. d 为螺纹规格。

表 10 - 52 螺栓间距 t_0

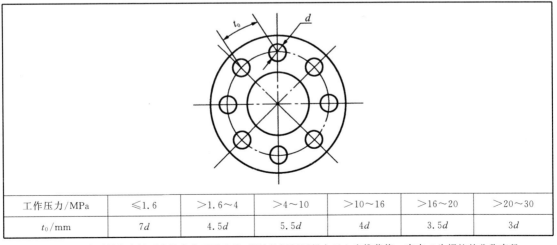

工作压力/MPa	≤1.6	>1.6~4	>4~10	>10~16	>16~20	>20~30
t_0/mm	$7d$	$4.5d$	$5.5d$	$4d$	$3.5d$	$3d$

注：对于压力容器等紧密性要求较高的重要连接，螺栓的间距不得大于上表推荐值。表中 d 为螺纹的公称直径。

表 10-53 扳手空间（摘自 JB/ZQ 4005—2006） mm

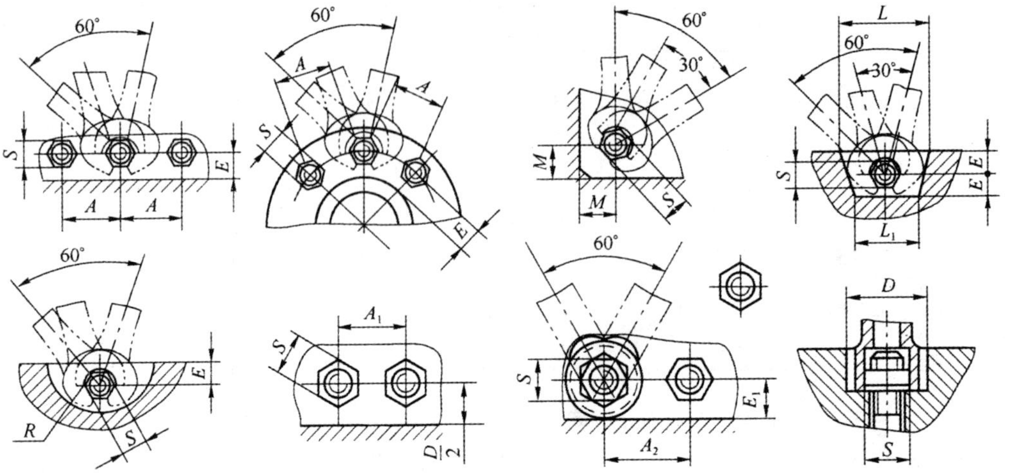

螺纹直径 d	S	A	A_1	A_2	E	E_1	M	L	L_1	R	D
3	5.5	18	12	12	5	7	11	30	24	15	14
4	7	20	16	14	6	7	12	34	28	16	16
5	8	22	16	15	7	10	13	36	30	18	20
6	10	26	18	18	8	12	15	46	38	20	24
8	13	32	24	22	11	14	18	55	44	25	28
10	16	38	28	26	13	16	22	62	50	30	30
12	18	42	—	30	14	18	24	70	55	32	—
14	21	48	36	34	15	20	26	80	65	36	40
16	24	55	38	38	16	24	30	85	70	42	45
18	27	62	45	42	19	25	32	95	75	46	52
20	30	68	48	46	20	28	35	105	85	50	56
22	34	76	55	52	24	32	40	120	95	58	60
24	36	80	58	55	24	34	42	125	100	60	70
27	41	90	65	62	26	36	46	135	110	65	76
30	46	100	72	70	30	40	50	155	125	75	82
33	50	108	76	75	32	44	55	165	130	80	88
36	55	118	85	82	36	48	60	180	145	88	95
39	60	125	90	88	38	52	65	190	155	92	100
42	65	135	96	96	42	55	70	205	165	100	106
45	70	145	105	102	45	60	75	220	175	105	112
48	75	160	115	112	48	65	80	235	185	115	126
52	80	170	120	120	48	70	84	245	195	125	132
56	85	180	126	—	52	—	90	260	205	130	138

表 10－54　一般机械连接用钢螺栓的预紧力

螺纹规格 d	螺纹机械性能等级					
	4.6	5.6	6.8	8.8	10.9	12.9
	预紧力 F'/N(按预紧应力/屈服点＝0.7 计算)					
M6	3 230	3 940	6 180	8 190	11 600	13 600
M8	5 890	7 140	11 200	14 800	21 200	24 800
M10	9 310	11 300	17 800	23 500	33 600	39 400
M12	13 500	16 500	25 900	35 400	49 000	57 200
M16	25 200	30 800	48 300	66 100	91 000	106 000
M20	39 400	48 000	75 600	102 000	142 000	166 000
M24	56 800	69 100	108 000	148 000	205 000	239 000
M30	90 300	109 000	172 000	235 000	326 000	380 000
M36	131 000	160 000	251 000	343 000	474 000	554 000

10.17　轴系零件的紧固件

表 10－55　轴端挡圈　　　mm

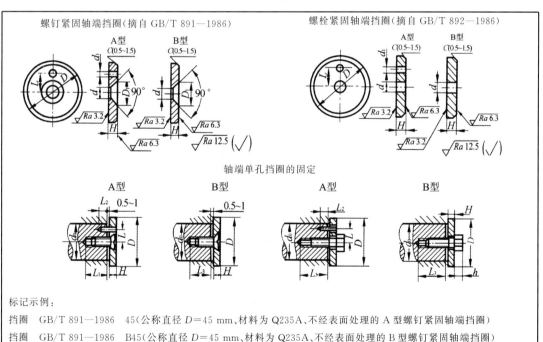

螺钉紧固轴端挡圈(摘自 GB/T 891—1986)　　螺栓紧固轴端挡圈(摘自 GB/T 892—1986)

轴端单孔挡圈的固定

标记示例:

挡圈　GB/T 891—1986　45(公称直径 D＝45 mm、材料为 Q235A、不经表面处理的 A 型螺钉紧固轴端挡圈)

挡圈　GB/T 891—1986　B45(公称直径 D＝45 mm、材料为 Q235A、不经表面处理的 B 型螺钉紧固轴端挡圈)

续表 10－55

轴径 ≤	公称直径 D	H	L	d	d_1	C	螺钉紧固轴端挡圈			螺栓紧固轴端挡圈			安装尺寸(参考)			
							D_1	螺钉 GB/T 819.1—2000（推荐）	圆柱销 GB/T 119.1—2000（推荐）	螺栓 GB/T 5783—2000（推荐）	圆柱销 GB/T 119.1—2000（推荐）	垫圈 GB/T 93—1987（推荐）	L_1	L_2	L_3	h
14	20	4	—													
16	22	4	—													
18	25	4	—	5.5	2.1	0.5	11	M5×12	A2×10	M5×16	A2×10	5	14	6	16	4.8
20	28	4	7.5													
22	30	4	7.5													
25	32	5	10													
28	35	5	10													
30	38	5	10	6.6	3.2	1	13	M6×16	A3×12	M6×20	A3×12	6	18	7	20	5.6
32	40	5	12													
35	45	5	12													
40	50	5	12													
45	55	6	16													
50	60	6	16													
55	65	6	16	9	4.2	1.5	17	M8×20	A4×14	M8×25	A4×14	8	22	8	24	7.5
60	70	6	20													
65	75	6	20													
80	80	6	20													
75	90	8	25	13	5.2	2	25	M12×25	A5×16	M12×30	A5×16	12	26	10	28	10.6
85	100	8	25													

注：1. 当挡圈装在带螺纹孔的轴端时，紧固用螺钉允许加长。

2. 材料：Q235A、35 钢、45 钢。

3. 轴端单孔挡固定不属于 GB/T 891—1986 和 GB/T 892—1986 的内容，仅供参考。

表 10－56　孔用弹性挡圈—A 型(摘自 GB/T 893.1—1986)　　mm

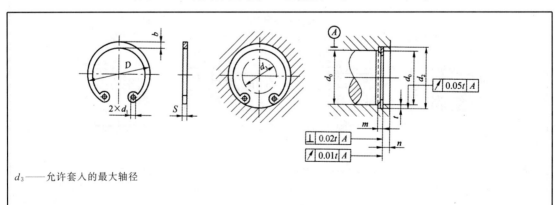

d_3——允许套入的最大轴径

标记示例：

挡圈　GB/T 893.1—1986　50

（孔径 d_0＝50 mm、材料为 65Mn、热处理硬度(44～51)HRC、经表面氧化处理的 A 型孔用弹性挡圈）

续表 10－56

孔径 d_0	挡圈 D	挡圈 S	挡圈 b ≈	挡圈 d_1	沟槽(推荐) d_2 基本尺寸	沟槽(推荐) d_2 极限偏差	沟槽(推荐) m 基本尺寸	沟槽(推荐) m 极限偏差	沟槽(推荐) n ≥	轴 d_3 ≤	孔径 d_0	挡圈 D	挡圈 S	挡圈 b ≈	挡圈 d_1	沟槽(推荐) d_2 基本尺寸	沟槽(推荐) d_2 极限偏差	沟槽(推荐) m 基本尺寸	沟槽(推荐) m 极限偏差	沟槽(推荐) n ≥	轴 d_3 ≤
8	8.7	0.6	1	1	8.4	$^{+0.09}_{0}$	0.7	$^{+0.14}_{0}$	0.6	2	48	51.5	1.5	4.7	3	50.5	$^{+0.30}_{0}$	1.7	$^{+0.14}_{0}$	3.8	33
9	9.8		1.2		9.4						50	54.2	2			53		2.2		4.5	36
10	10.8	0.8	1.7	1.5	10.4	$^{+0.11}_{0}$	0.9				52	56.2				55					38
11	11.8				11.4					3	55	59.2				58					40
12	13				12.5				0.9	4	55	60.2		5.2		59					41
13	14.1			1.7	13.6						58	62.2				61					43
14	15.1	1	2.1		14.6		1.1			5	60	64.2				63					44
15	16.2				15.7				1.2	6	62	66.2				65					45
16	17.3				16.8					7	63	67.2				66					46
17	18.3				17.8					8	65	69.2	2.5			68		2.7			48
18	19.5				19	$^{+0.13}_{0}$			1.5	9	68	72.5		5.7		71					50
19	20.5		2.5	2	20					10	70	74.5				73					53
20	21.5				21						72	76.5				75					55
21	22.5				22					11	75	79.5		6.3		78					56
22	23.5				23					12	78	82.5				81					60
24	25.9	1.2			25.2	$^{+0.21}_{0}$	1.3		1.8	13	80	85.5		6.8		83.5	$^{+0.35}_{0}$			5.3	63
25	26.9		2.8		26.2					14	82	87.5				85.5					65
26	27.9				27.2					15	85	90.5				88.5					68
28	30.1		3.2		29.4				2.1	17	88	93.5		7.3		91.5					70
30	32.1				31.4	$^{+0.25}_{0}$				18	90	95.5				93.5					72
31	33.4			2.5	32.7				2.6	19	92	97.5		7.7		95.5					73
32	34.4				33.7					20	95	100.5				98.5					75
34	36.5	1.5	3.6		35.7		1.7			22	98	103.5				101.5					78
35	37.8				37				3	23	100	105.5				103.5					80
36	38.8				38					24	102	108	3	8.1	4	106	$^{+0.54}_{0}$	3.2	$^{+0.18}_{0}$	6	82
37	39.8				39					25	105	112				109					83
38	40.8				40					26	108	115		8.8		112					86
40	43.5		4	3	42.5				3.8	27	110	117				114					88
42	45.5				44.5					29	112	119		9.3		116					89
45	48.5		4.7		47.5					31	115	122				119					90
47	50.5				49.5					32	120	127		10		124	$^{+0.63}_{0}$				95

表 10-57 轴用弹性挡圈—A 型(摘自 GB/T 894.1—1986) mm

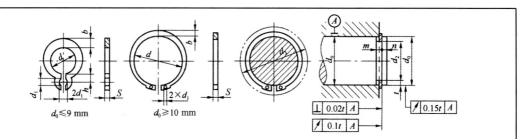

n

d_3—允许套入的最小孔径

标记示例：

挡圈 GB/T 894.1—1986 50

(轴径 d_0=50 mm、材料为 65Mn、热处理(44～51)HRC、经表面氧化处理的 A 型轴用弹性挡圈)

轴径 d_0	挡圈				沟槽(推荐)					孔 d_3 ≥	轴径 d_0	挡圈				沟槽(推荐)					孔 d_3 ≤
	d	S	b ≈	d_1	d_2 基本尺寸	d_2 极限偏差	m 基本尺寸	m 极限偏差	n ≥			d	S	b ≈	d_1	d_2 基本尺寸	d_2 极限偏差	m 基本尺寸	m 极限偏差	n ≥	
3	2.7	0.4	0.8	1	2.8	0 −0.01	0.5	+0.14 0	0.3	7.2	38	35.2	1.5	5.0	2.5	36	0 −0.25	1.7	+0.14 0	3	51
4	3.7		0.88		3.8	0 −0.044				8.8	40	36.5				37.5				3.8	53
5	4.7	0.6	1.12		4.8		0.7			10.7	42	38.5			3	39.5					56
6	5.6		1.32	1.2	5.7				0.5	12.2	45	41.5				42.5					59.4
7	6.5				6.7	0 −0.058				13.8	48	44.5	2			45.5					62.8
8	7.4	0.8			7.6		0.9		0.6	15.2	50	45.8		5.48		47		2.2		4.5	64.8
9	8.4		1.44		8.6					16.4	52	47.8				49					67
10	9.3	1		1.5	9.6		1.1			17.6	55	50.8				52	0 −0.30				70.4
11	10.2		1.52		10.5	0 −0.11			0.8	18.6	56	51.8		6.12		53					71.7
12	11		1.72		11.5					19.6	58	53.8				55					73.6
13	11.9		1.88	1.7	12.4				0.9	20.8	60	55.8				57					75.8
14	12.9				13.4					22	62	57.8	2.5			59					79
15	13.8		2.00		14.3				1.1	23.3	63	58.8				60		2.7			79.5
16	14.7		2.32		15.2				1.2	24.4	65	60.8				62					81.5
17	15.7		2.48		16.2					25.6	68	63.5		6.32		65					86
18	16.5				17				1.5	27	70	65.5				67					87.2
19	17.5			2	18					28	72	67.5				69					89.4
20	18.5		2.68		19	0 −0.13				29	75	70.5				72					92.8
21	19.5				20					31	78	73.5				75					96.2
22	20.5				21					32	80	74.5		7.0		76.5				5.3	98.8
24	22.2	1.2	3.32		22.9	0 −0.21	1.3		1.7	34	82	76.5				78.5					101
25	23.2				23.9					35	85	79.5				81.5	0 −0.35				104
26	24.2				24.9					36	88	82.5				84.5					107.3
28	25.9		3.60		26.6				2.1	38.4	90	84.5		7.6		86.5					110
29	26.9		3.72		27.6					39.8	95	89.5		9.2		91.5					115
30	27.9				28.6					42	100	94.5	3			96.5					121
32	29.6		3.92	2.5	30.3	0 −0.25			2.6	44	106	98		10.7		101	0 −0.54	3.2	+0.18 0	6	132
34	31.5	1.5	4.32		32.3		1.7			46	110	103		11.3	4	106					136
35	32.2		4.52		33				3	48	115	108		12		111					142
36	33.2				34					49	120	113				116					145
37	34.2				35					50	125	118		12.6		121	0 −0.43				151

表 10－58　锥销锁紧挡圈(摘自 GB/T 883—1986)、螺钉锁紧挡圈(摘自 GB/T 884—1986)

mm

锥销锁紧挡圈

螺钉锁紧挡圈

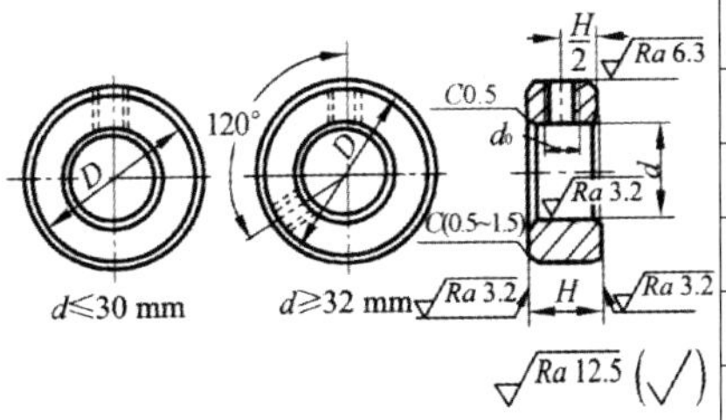

标记示例：

挡圈　GB/T 883—1986　20

挡圈　GB/T 884—1986　20

（直径 d＝20 mm、材料为 Q235A、不经表面处理的锥销锁紧挡圈和螺钉锁紧挡圈）

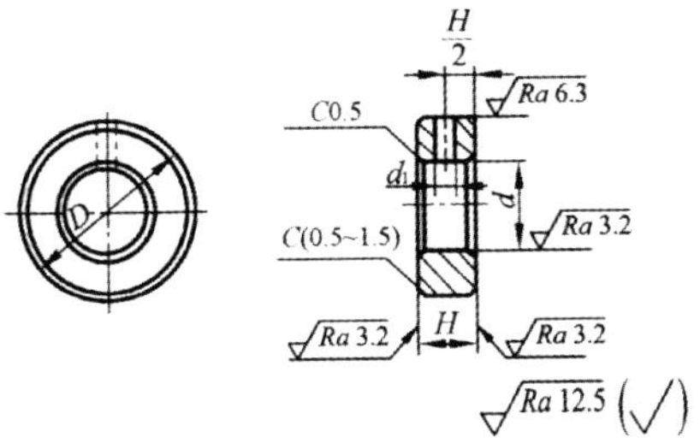

<table>
<tr><th rowspan="2">d</th><th rowspan="2">D</th><th colspan="4">锥销锁紧挡圈</th><th colspan="4">螺钉锁紧挡圈</th></tr>
<tr><th>H</th><th>d₁</th><th>C</th><th>圆锥销 GB/117—2000（推荐）</th><th>H</th><th>d₀</th><th>C</th><th>螺钉 GB/T 71—1985（推荐）</th></tr>
<tr><td>16</td><td>30</td><td rowspan="6">12</td><td rowspan="5">4</td><td rowspan="5">0.5</td><td rowspan="3">4×32</td><td rowspan="6">12</td><td rowspan="6">M6</td><td rowspan="22">1</td><td rowspan="6">M6×10</td></tr>
<tr><td>(17)</td><td rowspan="2">32</td></tr>
<tr><td>18</td></tr>
<tr><td>(19)</td><td rowspan="2">35</td><td rowspan="2">4×35</td></tr>
<tr><td>20</td></tr>
<tr><td>22</td><td>38</td><td rowspan="3">5</td><td rowspan="17">1</td><td>5×40</td></tr>
<tr><td>25</td><td>42</td><td rowspan="4">14</td><td rowspan="2">5×45</td><td rowspan="4">14</td><td rowspan="4">M8</td><td rowspan="4">M8×12</td></tr>
<tr><td>28</td><td>45</td></tr>
<tr><td>30</td><td>48</td><td rowspan="5">6</td><td>6×50</td></tr>
<tr><td>32</td><td>52</td><td rowspan="2">6×55</td></tr>
<tr><td>35</td><td>56</td><td rowspan="2">16</td><td rowspan="2">16</td><td rowspan="8">M10</td><td rowspan="2">M10×16</td></tr>
<tr><td>40</td><td>62</td><td>6×60</td></tr>
<tr><td>45</td><td>70</td><td rowspan="3">18</td><td>6×70</td><td rowspan="3">18</td><td rowspan="6">M10×20</td></tr>
<tr><td>50</td><td>80</td><td rowspan="3">8</td><td>8×80</td></tr>
<tr><td>55</td><td>85</td><td rowspan="2">8×90</td></tr>
<tr><td>60</td><td>90</td><td rowspan="3">20</td><td rowspan="3">20</td></tr>
<tr><td>65</td><td>95</td><td rowspan="8">10</td><td rowspan="2">10×100</td></tr>
<tr><td>70</td><td>100</td></tr>
<tr><td>75</td><td>110</td><td rowspan="4">22</td><td>10×110</td><td rowspan="4">22</td><td rowspan="6">M12</td><td rowspan="6">M12×25</td></tr>
<tr><td>80</td><td>115</td><td rowspan="3">10×120</td></tr>
<tr><td>85</td><td>120</td></tr>
<tr><td>90</td><td>125</td></tr>
<tr><td>95</td><td>130</td><td rowspan="2">25</td><td rowspan="2">1.5</td><td>10×130</td><td rowspan="2">25</td><td rowspan="2">1.5</td></tr>
<tr><td>100</td><td>135</td><td>10×140</td></tr>
</table>

注：1. 括号内的尺寸尽可能不采用。

2. 加工锥销锁紧挡圈的 d_1 孔时只钻一面，装配时钻透并铰孔。

表 10-59 轴肩挡圈(摘自 GB/T 886—1986)   mm

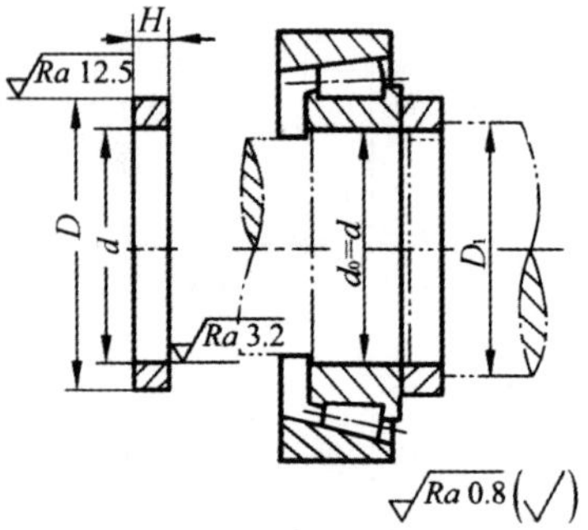

公称直径 d(轴径)	$D_1 \geq$	(0)2 尺寸系列径向轴承用 D	H	(0)3 尺寸系列径向轴承和(0)2 尺寸系列角接触轴承用 D	H	(0)4 尺寸系列径向轴承和(0)3 尺寸系列角接触轴承用 D	H
20	22	—		27		30	
25	27	—		32		35	
30	32	36		38		40	
35	37	42		45	4	47	5
40	42	47	4	50		52	
45	47	52		55		58	
50	52	58		60		65	
55	58	65		68		70	
60	63	70		72		75	
65	68	75	5	78	5	80	6
70	73	80		82		85	
75	78	85		88		90	
80	85	90		95		100	
85	88	95	6	100	6	105	8
90	93	100		105		110	
95	98	110		110		115	
100	103	115	8	115	8	120	10

标记示例:
挡圈 GB/T 886—19856 40×52
(直径 d=40 mm、D=52 mm、材料为 35 钢、不经热处理及表面处理的轴肩挡圈)

10.18 销及键

表 10-60 圆柱销 不淬硬钢和奥氏体不锈钢(GB/T 119.1—2000 摘录)、圆柱销 淬硬钢和马氏体钢(GB/T 119.2—2000 摘录)、圆锥销(GB/T 117—2000 摘录)   mm

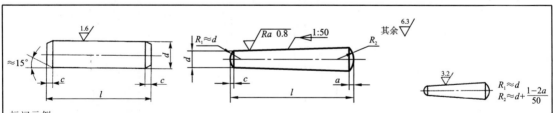

标记示例:
公称直径 d=8 mm,公差为 m6,公称长度 l=30 mm,材料为钢,不经淬火、不经表面处理的标记:销 GB/T 119.1 8m6×30。
尺寸公差同上,材料为钢,普通淬火(A 型)、表 B 氧化处理的圆柱销的标记:销 GB/T 119.2 8×30。
尺寸公差同上,材料为 C1 组马氏体不锈钢表 B 氧化处理的圆柱销标记:销 GB/T 119.2 6×30—C1。
公称直径 d=8 mm、长度 l=30 mm、材料为 35 钢、热处理硬度 28~38 HRC、表面氧化处理的 A 型圆锥销的标记:销 GB/T 117 8×30。

续表 10-60

公称直径		3	4	5	6	8	10	12	16	20
圆柱销 (GB 119.1)	$c\approx$	0.5	0.63	0.8	1.2	1.6	2	2.5	3	3.5
	l(公称)	8~30	8~40	10~50	12~60	14~80	18~95	22~140	26~180	35~200
圆柱销 (GB 119.2)	$c\approx$	0.5	0.63	0.8	1.2	1.6	2	2.5	3	3.5
	l(公称)	8~30	10~40	12~50	14~60	18~80	22~100	26~100	40~100	50~100
圆锥销	d min	2.96	3.95	4.95	5.95	7.94	9.94	11.93	15.93	19.92
	d max	3	4	5	6	8	10	12	16	20
	$a\approx$	0.4	0.5	0.63	0.8	1	1.2	1.6	2	2.5
	l(公称)	12~45	14~55	18~60	22~90	22~120	26~160	32~180	40~200	45~200
l(公称)的系列		6~32(2 进位),35~90(5 进位),95(圆锥销),100~200(20 进位)								

表 10-61 螺尾锥销(GB/T 881—2000 摘录)　　mm

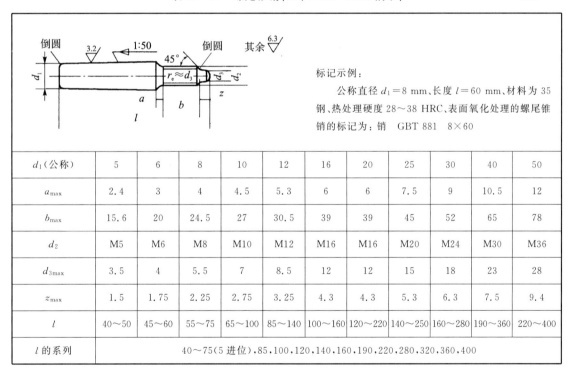

标记示例:

公称直径 $d_1=8$ mm,长度 $l=60$ mm、材料为 35 钢、热处理硬度 28~38 HRC、表面氧化处理的螺尾锥销的标记为:销　GBT 881　8×60

d_1(公称)	5	6	8	10	12	16	20	25	30	40	50
a_{max}	2.4	3	4	4.5	5.3	6	6	7.5	9	10.5	12
b_{max}	15.6	20	24.5	27	30.5	39	39	45	52	65	78
d_2	M5	M6	M8	M10	M12	M16	M16	M20	M24	M30	M36
d_{3max}	3.5	4	5.5	7	8.5	12	12	15	18	23	28
z_{max}	1.5	1.75	2.25	2.75	3.25	4.3	4.3	5.3	6.3	7.5	9.4
l	40~50	45~60	55~75	65~100	85~140	100~160	120~220	140~250	160~280	190~360	220~400
l 的系列	40~75(5 进位),85,100,120,140,160,190,220,280,320,360,400										

表 10-62 开口销(摘自 GB/T 91—2000)　　　　　　　　　　　　　　　　　mm

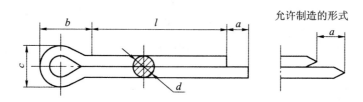

标记示例：
公称规格为 5 mm、公称长度 $l=50$ mm、材料 Q215 或 Q235、不经表面处理的开口销的标记如下：
　　销　GB/T 91　5×50

公称规格[①]	d		a		b≈	c		适用的直径[②]				l 的范围
								螺栓		U 形销		
	max	min	max	min		max	min	>	≤	>	≤	
0.6	0.5	0.4	1.6	0.8	2	1.0	0.9	—	2.5	—	2	4～12
0.8	0.7	0.6	1.6	0.8	2.4	1.4	1.2	2.5	3.5	2	3	5～16
1	0.9	0.8	1.6	0.8	3	1.8	1.6	3.5	4.5	3	4	6～20
1.2	1.0	0.9	2.50	1.25	3	2.0	1.7	4.5	5.5	4	5	8～25
1.6	1.4	1.3	2.50	1.25	3.2	2.8	2.4	5.5	7	5	6	8～32
2	1.8	1.7	2.50	1.25	4	3.6	3.2	7	9	6	8	10～40
2.5	2.3	2.1	2.50	1.25	5	4.6	4.0	9	11	8	9	12～50
3.2	2.9	2.7	3.2	1.6	6.4	5.8	5.1	11	14	9	12	14～63
4	3.7	3.5	4	2	8	7.4	6.5	14	20	12	17	18～80
5	4.6	4.4	4	2	10	9.2	8.0	20	27	17	23	22～100
6.3	5.9	5.7	4	2	12.6	11.8	10.3	27	39	23	29	32～125
8	7.5	7.3	4	2	16	15.0	13.1	39	56	29	44	40～160
10	9.5	9.3	6.30	3.15	20	19.0	16.6	56	80	44	69	45～200
13	12.4	12.1	6.30	3.15	26	24.8	21.7	80	120	69	110	71～250
16	15.4	15.1	6.30	3.15	32	30.8	27.0	120	170	110	160	112～280
20	19.3	19.0	6.30	3.15	40	38.5	33.8	170	—	160	—	160～280

注：① 公称规格等于开口销孔的直径。对销孔直径推荐的公差为：
　　　　当公称规格≤1.2 mm 时为 H13；
　　　　当公称规格>1.2 mm 时为 H14。
　　　　根据供需双方协议，允许采用公称规格为 3 mm、6 mm、12 mm 的开口销。
　　② 用于铁道和在 U 形销中开口销承受交变横向力的场合，推荐使用的开口销规格应较本表规定的加大一挡。

表 10-63 普通平键键槽的尺寸与公差(摘自 GB/T 1095—2003)

mm

轴直径 d	键尺寸 $b\times h$	键槽											
		宽度 b						深度				半径 r	
		基本尺寸	极限偏差					轴 t_1		毂 t_2			
			正常连接		紧密连接	松连接		基本尺寸	极限偏差	基本尺寸	极限偏差		
			轴 N9	毂 JS9	轴和毂 P9	轴 H9	毂 D10					min	max
6～8	2×2	2	−0.004 −0.029	±0.0125	−0.006 −0.031	+0.025 0	+0.060 +0.020	1.2	+0.1 0	1.0	+0.1 0	0.08	0.16
8～10	3×3	3						1.8		1.4			
10～12	4×4	2	0 −0.030	±0.015	−0.012 −0.042	+0.030 0	+0.078 0.030	2.5		1.8			
12～17	5×5	5						3.0		2.3		0.16	0.25
17～22	6×6	6						3.5		2.8			
22～30	8×7	8	0 −0.036	±0.018	−0.015 −0.051	+0.036 0	+0.098 +0.040	4.0	+0.2 0	3.3	+0.2 0		
30～38	10×8	10						5.0		3.3		0.25	0.40
38～44	12×8	12	0 −0.043	±0.0215	−0.018 −0.061	+0.043 0	+0.120 +0.050	5.0		3.3			
44～50	14×9	14						5.5		3.8			
50～58	16×10	16						6.0		4.3			
58～65	18×11	18						7.0		4.4			
65～75	20×12	20	0 −0.052	±0.026	−0.022 −0.074	+0.052 0	+0.149 0.065	7.5		4.9		0.40	0.60
75～85	22×14	22						9.0		5.4			
85～95	25×14	25						9.0		5.4			
95～110	28×16	28						10.0		6.4			

注：表中轴直长 d 不属于 GB/T 1095—2003，将其加入是为了使用方便。

表 10-64 普通平键的尺寸(摘自 GB/T 1096—2003)

mm

宽度 b	2	3	4	5	6	8	10	12	14	16	18	20	22
高度 h	2	3	4	5	6	7	8	8	9	10	11	12	14
长度 L													
6			—	—	—	—	—	—	—	—	—	—	—
8				—	—	—	—	—	—	—	—	—	—
10					—	—	—	—	—	—	—	—	—
12					—	—	—	—	—	—	—	—	—
14							—	—	—	—	—	—	—
16							—	—	—	—	—	—	—
18								—	—	—	—	—	—
20								—	—	—	—	—	—
22	—			标准					—	—	—	—	—
25	—								—	—	—	—	—

续表 10－64

28	—								—	—	—	—	—
32	—								—	—	—	—	—
36	—									—	—	—	—
40	—	—								—	—	—	—
45	—	—					长度				—	—	—
50	—	—	—									—	—
56	—	—	—										—
63	—	—	—	—									
70	—	—	—	—									
80	—	—	—	—	—								
90	—	—	—	—	—					范围			
100	—	—	—	—	—	—							
110	—	—	—	—	—	—							
125	—	—	—	—	—	—	—						
140	—	—	—	—	—	—	—						
160	—	—	—	—	—	—	—	—					
180	—	—	—	—	—	—	—	—	—				
200	—	—	—	—	—	—	—	—	—	—			
220	—	—	—	—	—	—	—	—	—	—	—		
250	—	—	—	—	—	—	—	—	—	—	—	—	

普通平键的标注示例：

宽度 b=16 mm、高度 h=10 mm、长度 L=100 mm 的普通 A 型平键的标记为 GB/T 1096　键　16×10×100

宽度 b=16 mm、高度 h=10 mm、长度 L=100 mm 的普通 B 型平键的标记为 GB/T 1096　键　B16×10×100

宽度 b=16 mm、高度 h=10 mm、长度 L=100 mm 的普通 C 型平键的标记为 GB/T 1096　键　C16×10×100

上面的标记中，普通 A 型平键的标记省略字母 A。

表 10－65　矩形花键尺寸、公差(GB/T 1144.11—2001 摘录)　　mm

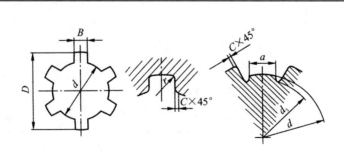

标记示例：

花键：$N=6$；$d=23\,\frac{H7}{f7}$；$D=26\,\frac{H10}{a11}$；$B=6\,\frac{H11}{d10}$　花键副：$6\times23\,\frac{H7}{f7}\times26\,\frac{H10}{a11}\times6\,\frac{H11}{d10}$　GB/T 1144.1

内花键：6×23H7×26H10×6H11　GB/T 1144.1　外花键：6×23f7×26a11×6d10　GB/T 1144.1

续表 10 - 65

基本尺寸系列和键槽截面尺寸										
小径 d	轻系列					中系列				
	规格 $N\times d\times D\times B$	C	r	参考 $d_{1\min}$	参考 $a_{\min}$	规格 $N\times d\times D\times B$	C	r	参考 $d_{1\min}$	参考 $a_{\min}$
18						6×18×22×5			16.6	1.0
21						6×21×25×5	0.3	0.2	19.5	2.0
23	6×23×26×6	0.2	0.1	22	3.5	6×23×28×6			21.2	1.2
26	6×26×30×6			24.5	3.8	6×26×32×6			23.6	1.2
28	6×28×32×7			26.6	4.0	6×28×34×7			25.3	1.4
32	8×32×36×6	0.3	0.2	30.3	2.7	8×32×38×6	0.4	0.3	29.4	1.0
36	8×36×40×7			34.4	3.5	8×36×42×7			33.4	1.0
42	8×42×46×8			40.5	5.0	8×42×48×8			39.4	2.5
46	8×46×50×9			44.6	5.7	8×46×54×9			42.6	1.4
52	8×52×58×10			49.6	4.8	8×52×60×10	0.5	0.4	48.6	2.5
56	8×56×62×10			53.5	6.5	8×56×65×10			52.0	2.5
62	8×62×68×12			59.7	7.3	8×62×72×12			57.7	2.4
72	10×72×78×12	0.4	0.3	69.6	5.4	10×72×82×12			67.4	1.0
82	10×82×88×12			79.3	8.5	10×82×92×12	0.6	0.5	77.0	2.9
92	10×92×98×14			89.6	9.9	10×92×102×14			87.3	4.5
102	10×102×108×16			99.6	11.3	10×102×112×6			97.7	6.2

内、外花键的尺寸公差							
内花键				外花键			装配型式
d	D	B 拉削后不热处理	B 拉削后热处理	d	D	B	
一般用公差带							
H7	H10	H9	H11	f7	a11	d10	滑动
				g7		f9	紧滑动
				h7		h10	固定
精密传动用公差带							
H5	H10	H7、H9		f5	a11	d8	滑动
				g5		f7	紧滑动
				h5		h8	固定
H6				f6		d8	滑动
				g6		f7	紧滑动
				h6		d8	固定

注：1. N——键数，D——大径，B——键宽，d_1 和 a 值仅适用于展成法加工。

2. 精密传动用的内花键，当需要控制键侧配合隙时，槽宽可选用 H7，一般情况下可选用 H9。

3. d 为 H6 和 H7 的内花键，允许与提高一级的外花键配合。

10.19 密封件

表 10-66 毡圈油封及槽(摘自 JB/ZQ 4606—1997) mm

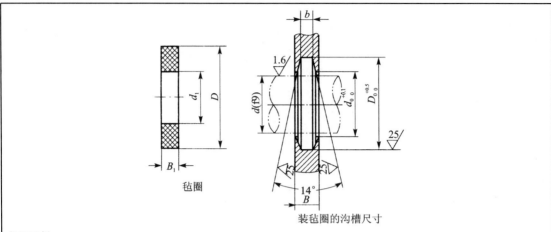

毡圈　　装毡圈的沟槽尺寸

标记示例：

毡圈 40 JB/ZQ 4606—1997：d=40 mm 的毡圈油封

轴径 d	毡圈油封			槽				
	D	d_1	B_1	D_0	d_0	b	B_{min}	
							钢	铸　铁
15	29	14	6	28	16	5	10	12
20	33	19		32	21			
25	39	24	7	38	26	6	12	15
30	45	29		44	31			
35	49	34		48	36			
40	53	39		52	41			
45	61	44	8	60	46	7		
50	69	49		68	51			
55	74	53		72	56			
60	80	58		78	61			
65	84	63		82	66			
70	90	68		88	71			
75	94	73		92	77			
80	102	78	9	100	82	8	15	18
85	107	83		105	87			
90	112	88		110	92			
95	117	93	10	115	97			
100	122	98		120	102			

注：毡圈材料有半粗羊毛毡和细毛羊毛毡，粗毛毡适用于速度 $v \leqslant 3$ m/s，优质细毛毡适用于 $v \leqslant 10$ m/s。

表 10-67 液压气动用 O 形橡胶密封圈(摘自 GB/T 3452.1—2005) mm

d_2
d_1

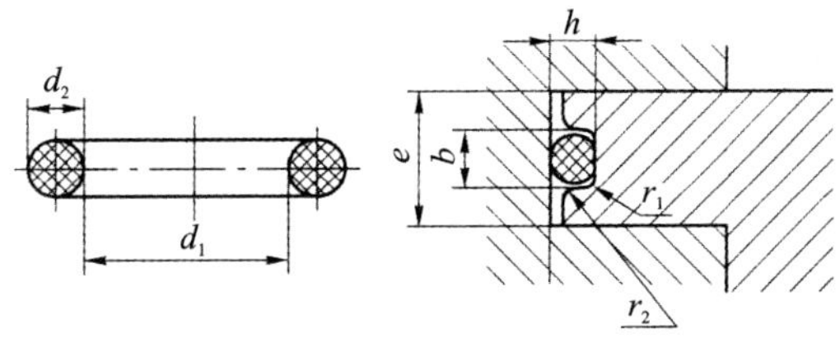

标记示例：

O 形圈 32.5×2.65—A—N—GB/T 3452.1—2005：内径 d_1=32.5 mm，截面直径 d_2=65 mm，A 系列 N 级 O 形密封圈

轴向密封沟槽尺寸(GB/T 3452.3—2005)				
d_2	b	h	r_1	r_2
1.8	2.6	1.28	0.2～0.4	0.1～0.3
2.65	3.8	1.97		
3.55	5.0	2.75	0.4～0.8	
5.3	7.3	4.24		
7.0	97.7	7.72	0.8～1.2	

d_1		d_2			d_1		d_2				d_1		d_2			d_1		d_2			
尺寸	公差±	1.8±0.08	2.65±0.09	3.55±0.10	尺寸	公差±	1.8±0.08	2.65±0.09	3.55±0.10	5.3±0.13	尺寸	公差±	2.65±0.09	3.55±0.10	5.3±0.13	尺寸	公差±	2.65±0.09	3.55±0.10	5.3±0.13	7±0.15
13.2	0.21	*	*		33.5	0.36	*	*	*		56	0.52	*	*	*	95	0.79	*	*	*	
14	0.22	*	*		34.5	0.37	*	*	*		58	0.54	*	*	*	97.5	0.81	*	*	*	
15	0.22	*	*		35.5	0.38	*	*	*		60	0.55	*	*	*	100	0.82	*	*	*	
16	0.23	*	*		36.5	0.38	*	*	*		61.5	0.56	*	*	*	103	0.85	*	*	*	
17	0.24	*	*		37.5	0.39	*	*	*		63	0.57	*	*	*	106	0.87	*	*	*	
18	0.25	*	*	*	38.7	0.40	*	*	*		65	0.58	*	*	*	109	0.89	*	*	*	*
19	0.25	*	*	*	40	0.41	*	*	*	*	67	0.60	*	*	*	112	0.91	*	*	*	*
20	0.26	*	*	*	41.2	0.42	*	*	*	*	69	0.61	*	*	*	115	0.93	*	*	*	*
21.2	0.27	*	*	*	42.5	0.43	*	*	*	*	71	0.63	*	*	*	118	0.95	*	*	*	*
22.4	0.28	*	*	*	43.7	0.44	*	*	*	*	73	0.64	*	*	*	122	0.97	*	*	*	*
23.6	0.29	*	*	*	45	0.44	*	*	*	*	75	0.65	*	*	*	125	0.99	*	*	*	*
25	0.30	*	*	*	46.2	0.45	*	*	*	*	77.5	0.67	*	*	*	128	1.01	*	*	*	*
25.8	0.31	*	*	*	47.5	0.46	*	*	*	*	80	0.69	*	*	*	132	1.04	*	*	*	*
26.5	0.31	*	*	*	48.7	0.47	*	*	*	*	82.5	0.71	*	*	*	136	1.07	*	*	*	*
28.0	0.32	*	*	*	50	0.48	*	*	*	*	85	0.72	*	*	*	140	1.09	*	*	*	*
30.0	0.34	*	*	*	51.5	0.49		*	*	*	87.5	0.74	*	*	*	145	1.13	*	*	*	*
31.5	0.35	*	*	*	53	0.50		*	*	*	90	0.76	*	*	*	150	1.16	*	*	*	*
32.5	0.36	*	*	*	54.5	0.51		*	*	*	92.5	0.77	*	*	*	155	1.19		*	*	*

注：1. 表中 * 为可选规格。

2. N 为一般级；S 为较高级外观质量。

表 10-68 内包骨架旋转轴唇形密封圈(摘自 GB/T 13871.1—2007) mm

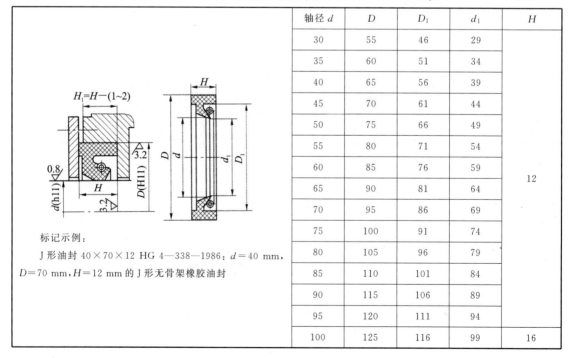

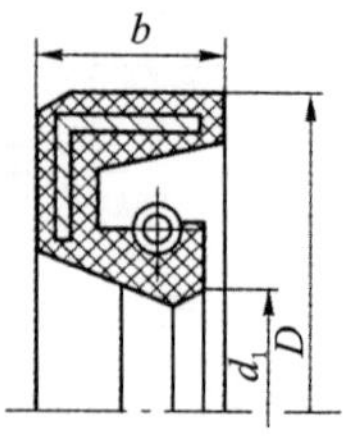

标记示例：
FB 25 52 GB/T 13871.1—2007：$d_1=25$ mm，$D=52$ mm，带副唇内包骨架型旋转轴唇形密封圈

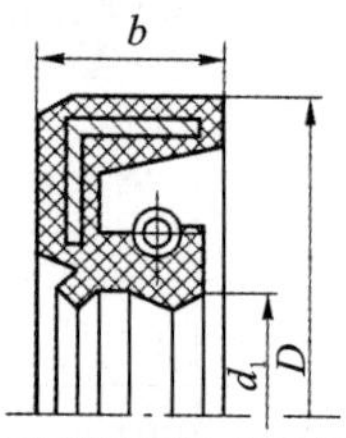

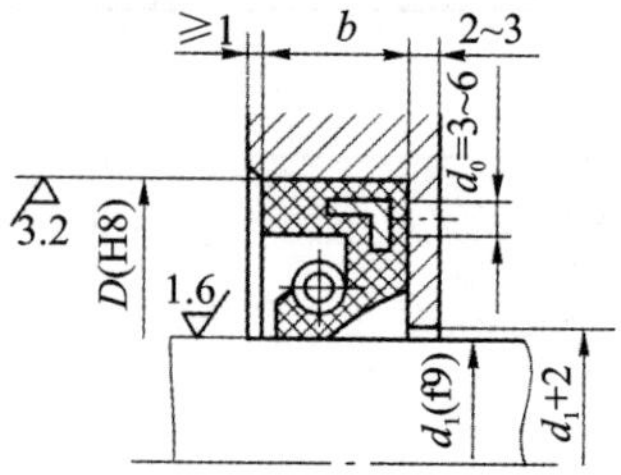

d_1	D	b	d_1	D	b	d_1	D	b
6	16,22	7	25	40,47,52	7	55	72,(75),80	8
7	22		28	40,47,52		60	80,85	
8	22,24		30	42,47,(50)		65	85,90	
9	22		30	52		70	90,95	10
10	22,25		32	45,47,52		75	95,100	
12	24,25,30		35	50,52,55	8	80	100,110	
15	26,30,35		38	52,58,62		85	110,120	
16	30,(35)		40	55,(60),62		90	(115),120	12
18	30,35		42	55,62		95	120	
20	35,40,(45)		45	62,65		100	125	
22	35,40,47		50	68,(70),72		105	(130)	

注：考虑到国内实际情况，除全部采用国际标准的基本尺寸外，还补充了若干种国内常用的规格，并加括号以示区别。

表 10-69 J形无骨架橡胶油封(摘自 HG 4—338—1986) mm

标记示例：
J 形油封 40×70×12 HG 4—338—1986：$d=40$ mm，$D=70$ mm，$H=12$ mm 的 J 形无骨架橡胶油封

轴径 d	D	D_1	d_1	H
30	55	46	29	
35	60	51	34	
40	65	56	39	
45	70	61	44	
50	75	66	49	
55	80	71	54	
60	85	76	59	12
65	90	81	64	
70	95	86	69	
75	100	91	74	
80	105	96	79	
85	110	101	84	
90	115	106	89	
95	120	111	94	
100	125	116	99	16

表 10-70 油沟式密封槽(摘自 JB/ZQ 4245—1997)   mm

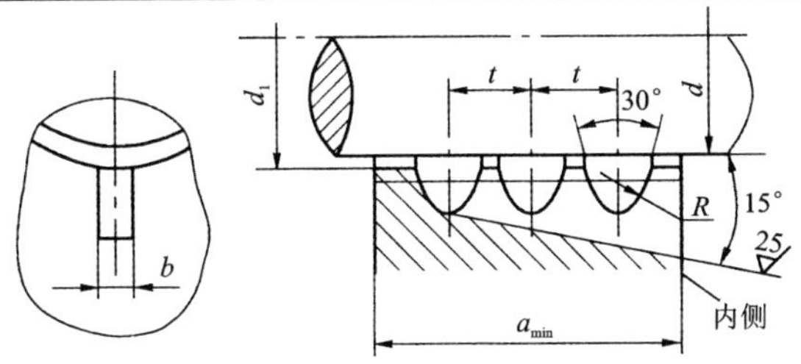

轴径 d	25～80	>80～120	>120～180	>180
R	1.5	2	2.5	3
t	4.5	6	7.5	9
b	4	5	6	7
d_1	$d+1$			
a_{min}	$nt+R$			

注：n 为油沟数，一般取为 2～3(使用 3 个较多)。

10.20 滚动轴承

表 10-71 深沟球轴承(摘自 GB/T 276—1994)

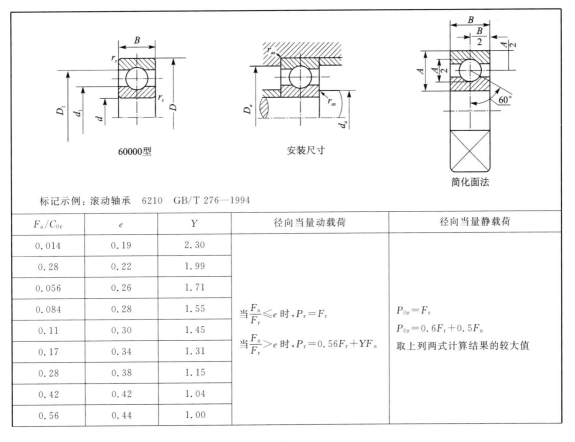

标记示例：滚动轴承 6210 GB/T 276—1994

F_a/C_{0r}	e	Y	径向当量动载荷	径向当量静载荷
0.014	0.19	2.30		
0.28	0.22	1.99		
0.056	0.26	1.71		
0.084	0.28	1.55	当 $\dfrac{F_a}{F_r} \leq e$ 时，$P_r = F_r$	$P_{0r} = F_r$
0.11	0.30	1.45		$P_{0r} = 0.6F_r + 0.5F_a$
0.17	0.34	1.31	当 $\dfrac{F_a}{F_r} > e$ 时，$P_r = 0.56F_r + YF_a$	取上列两式计算结果的较大值
0.28	0.38	1.15		
0.42	0.42	1.04		
0.56	0.44	1.00		

续表 10-71

轴承代号	基本尺寸/mm				安装尺寸/mm			基本额定动载荷 C_r	基本额定静载荷 C_{0r}	极限转速 /(r·min^{-1})		原轴承代号
	d	D	B	r_{min}	d_{amin}	D_{amax}	r_{asmax}	kN		脂润滑	油润滑	
(0)2 尺寸系列												
6200	10	30	9	0.6	15	25	0.6	5.10	2.38	19000	26000	200
6201	12	32	10	0.6	17	27	0.6	6.82	3.05	18000	24000	201
6202	15	35	11	0.6	20	30	0.6	7.65	3.72	17000	22000	202
6203	17	40	12	0.6	22	35	0.6	9.58	4.78	16000	20000	203
6204	20	47	14	1	26	41	1	12.8	6.65	14000	18000	204
6205	25	52	15	1	31	46	1	14.0	7.88	12000	16000	205
6206	30	62	16	1	36	56	1	19.5	11.5	9500	13000	206
6207	35	72	17	1.1	42	65	1	25.5	15.2	8500	11000	207
6208	40	80	18	1.1	47	73	1	29.5	18.0	8000	10000	208
6209	45	85	19	1.1	52	78	1	31.5	20.5	7000	9000	209
6210	50	90	20	1.1	57	83	1	35.0	23.2	6700	8500	210
6211	55	100	21	1.5	64	91	1.5	43.2	29.2	6000	7500	211
6212	60	110	22	1.5	69	101	1.5	47.8	32.8	5600	7000	212
6213	65	120	23	1.5	74	111	1.5	57.2	40.0	5000	6300	213
6214	70	125	24	1.5	79	116	1.5	60.8	45.0	4800	6000	214
6215	75	130	25	1.5	84	121	1.5	66.0	49.5	4500	5600	215
6216	80	140	26	2	90	130	2	71.5	54.2	4300	5300	216
6217	85	150	28	2	95	140	2	83.2	63.8	4000	5000	217
6218	90	160	30	2	100	150	2	95.8	71.5	3800	4800	218
6219	95	170	32	2.1	107	158	2.1	110	82.8	3600	4500	219
6220	100	180	34	2.1	112	168	2.1	122	92.8	3400	4300	220
6300	10	35	11	0.6	15	30	0.6	7.65	3.48	18000	24000	300
6301	12	37	12	1	18	31	1	9.72	5.08	17000	22000	301
6302	15	42	13	1	21	36	1	11.5	5.42	16000	20000	302
6303	17	47	14	1	23	41	1	13.5	6.58	15000	19000	303
6304	20	52	15	1.1	27	45	1	15.8	7.88	13000	17000	304
6305	25	62	17	1.1	32	55	1	22.2	11.5	10000	14000	305
6306	30	72	19	1.1	37	65	1	27.0	15.2	9000	12000	306
6307	35	80	21	1.5	44	71	1.5	33.2	19.2	8000	10000	307
6308	40	90	23	1.5	49	81	1.5	40.8	24.0	7000	900	308
6309	45	100	25	1.5	54	91	1.5	52.8	31.8	6300	8000	309
6310	50	110	27	2	60	100	2	61.8	38.0	6000	7500	310

续表 10-71

轴承代号	基本尺寸/mm				安装尺寸/mm			基本额定动载荷 C_r	基本额定静载荷 C_{0r}	极限转速/(r·min^{-1})		原轴承代号
	d	D	B	r_{min}	d_{amin}	D_{amax}	r_{asmax}	kN		脂润滑	油润滑	
6311	55	120	29	2	65	110	2	71.5	44.8	5300	6700	311
6312	60	130	31	2.1	72	118	2.1	81.8	51.8	5000	6300	312
6313	65	140	33	2.1	77	128	2.1	93.8	60.5	4500	5600	313
6314	70	150	35	2.1	82	138	2.1	105	68.0	4300	5300	314
6315	75	160	37	2.1	87	148	2.1	112	76.8	4000	5000	315
6316	80	170	39	2.1	92	158	2.1	122	86.5	3800	4800	316
6317	85	180	41	3	99	166	2.5	132	96.5	3600	4500	317
6318	90	190	43	3	104	176	2.5	145	108	3400	4300	318
6319	95	200	45	3	109	186	2.5	155	122	3200	4000	319
6320	100	215	47	3	114	201	2.5	172	140	2800	3600	320
(0)4 尺寸系列												
6403	17	62	17	1.1	24	55	1	22.5	10.8	11000	15000	403
6404	20	72	19	1.1	27	65	1	31.0	15.2	9500	13000	404
6405	25	80	21	1.5	34	71	1.5	38.2	19.2	8500	11000	405
6406	30	90	23	1.5	39	81	1.5	47.5	24.5	8000	10000	406
6407	35	100	25	1.5	44	91	1.5	56.8	29.5	6700	8500	407
6408	40	110	27	2	50	100	2	65.5	37.5	6300	8000	408
6409	45	120	29	2	55	110	2	77.5	45.5	5600	7000	409
6410	50	130	31	2.1	62	118	2.1	92.2	55.2	5300	6700	410
6411	55	140	33	2.1	67	128	2.1	100	62.5	4800	6000	411
6412	60	150	35	2.1	72	138	2.1	108	70.0	4500	5600	412
6413	65	160	37	2.1	77	148	2.1	118	78.5	4300	5300	413
6414	70	180	42	3	84	166	2.5	140	99.5	3800	4800	414
6415	75	190	45	3	89	176	2.5	155	115	3600	4500	415
6416	80	200	48	3	94	186	2.5	162	125	3400	4300	416
6417	85	210	52	4	103	192	3	175	138	3200	4000	417
6418	90	225	54	4	108	207	3	192	158	2800	3600	418
6420	100	250	58	4	118	232	3	222	195	2400	3200	420

注:1. 表中 C_r 值适用于真空脱气轴承钢材料的轴承。如轴承材料为普通电炉钢,则 C_r 值降低;如轴承材料为真空重熔或电渣重熔轴承钢,则 C_r 值提高。

2. r_{min} 为 r 的单向最小倒角尺寸;r_{asmax} 为 r_a 的单向最大倒角尺寸。

表 10-72 角接触球轴承(摘自 GB/T 292—2007)

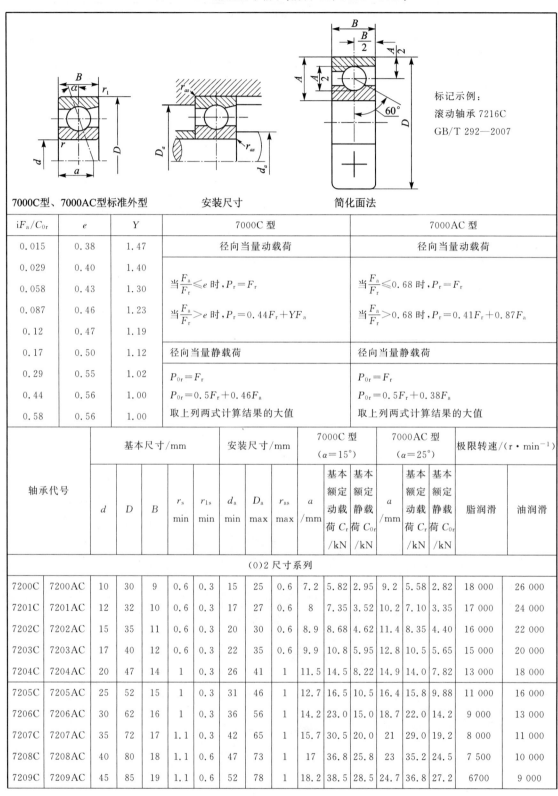

7000C型、7000AC型标准外型　　安装尺寸　　简化面法

标记示例：
滚动轴承 7216C
GB/T 292—2007

iF_a/C_{0r}	e	Y	7000C 型	7000AC 型
0.015	0.38	1.47	径向当量动载荷	径向当量动载荷
0.029	0.40	1.40		
0.058	0.43	1.30	当 $\frac{F_a}{F_r} \leq e$ 时，$P_r = F_r$	当 $\frac{F_a}{F_r} \leq 0.68$ 时，$P_r = F_r$
0.087	0.46	1.23	当 $\frac{F_a}{F_r} > e$ 时，$P_r = 0.44F_r + YF_a$	当 $\frac{F_a}{F_r} > 0.68$ 时，$P_r = 0.41F_r + 0.87F_a$
0.12	0.47	1.19		
0.17	0.50	1.12	径向当量静载荷	径向当量静载荷
0.29	0.55	1.02	$P_{0r} = F_r$	$P_{0r} = F_r$
0.44	0.56	1.00	$P_{0r} = 0.5F_r + 0.46F_a$	$P_{0r} = 0.5F_r + 0.38F_a$
0.58	0.56	1.00	取上列两式计算结果的大值	取上列两式计算结果的大值

轴承代号		基本尺寸/mm					安装尺寸/mm			7000C 型 ($\alpha=15°$)			7000AC 型 ($\alpha=25°$)			极限转速/(r·min^{-1})	
		d	D	B	r_s min	r_{1s} min	d_a min	D_a max	r_{as} max	a /mm	基本额定动载荷 C_r /kN	基本额定静载荷 C_{0r} /kN	a /mm	基本额定动载荷 C_r /kN	基本额定静载荷 C_{0r} /kN	脂润滑	油润滑
(0)2 尺寸系列																	
7200C	7200AC	10	30	9	0.6	0.3	15	25	0.6	7.2	5.82	2.95	9.2	5.58	2.82	18 000	26 000
7201C	7201AC	12	32	10	0.6	0.3	17	27	0.6	8	7.35	3.52	10.2	7.10	3.35	17 000	24 000
7202C	7202AC	15	35	11	0.6	0.3	20	30	0.6	8.9	8.68	4.62	11.4	8.35	4.40	16 000	22 000
7203C	7203AC	17	40	12	0.6	0.3	22	35	0.6	9.9	10.8	5.95	12.8	10.5	5.65	15 000	20 000
7204C	7204AC	20	47	14	1	0.3	26	41	1	11.5	14.5	8.22	14.9	14.0	7.82	13 000	18 000
7205C	7205AC	25	52	15	1	0.3	31	46	1	12.7	16.5	10.5	16.4	15.8	9.88	11 000	16 000
7206C	7206AC	30	62	16	1	0.3	36	56	1	14.2	23.0	15.0	18.7	22.0	14.2	9 000	13 000
7207C	7207AC	35	72	17	1.1	0.3	42	65	1	15.7	30.5	20.0	21	29.0	19.2	8 000	11 000
7208C	7208AC	40	80	18	1.1	0.6	47	73	1	17	36.8	25.8	23	35.2	24.5	7 500	10 000
7209C	7209AC	45	85	19	1.1	0.6	52	78	1	18.2	38.5	28.5	24.7	36.8	27.2	6700	9 000

续表 10-72

轴承代号		基本尺寸/mm					安装尺寸/mm			7000C 型 ($\alpha=15°$)			7000AC 型 ($\alpha=25°$)			极限转速/(r·min^{-1})	
		d	D	B	r_s min	r_{1s} min	d_a min	D_a max	r_{as} max	a /mm	基本额定动载荷 C_r /kN	基本额定静载荷 C_{0r} /kN	a /mm	基本额定动载荷 C_r /kN	基本额定静载荷 C_{0r} /kN	脂润滑	油润滑
(0)2 尺寸系列																	
7210C	7210AC	50	90	20	1.1	0.6	57	83	1	19.4	42.8	32.0	26.3	40.8	30.5	6 300	8 500
7211C	7211AC	55	100	21	1.5	0.6	64	91	1.5	20.9	52.8	40.5	28.6	50.5	38.5	5 600	7 500
7212C	7212AC	60	110	22	1.5	0.6	69	101	1.5	22.4	61.0	48.5	30.8	58.2	46.2	5 300	7 000
7213C	7213AC	65	120	23	1.5	0.6	74	111	1.5	24.2	69.8	55.2	33.5	66.5	52.5	4 800	6 300
7214C	7214AC	70	125	24	1.5	0.6	79	116	1.5	25.3	70.2	60.0	35.1	69.2	57.5	4 500	6 000
7215C	7215AC	75	130	25	1.5	0.6	84	121	1.5	26.4	79.2	65.8	36.6	75.2	63.0	4 300	5 600
7216C	7216AC	80	140	26	2	1	90	130	2	27.7	89.5	78.2	38.9	85.0	74.5	4 000	5 300
7217C	7217AC	85	150	28	2	1	95	140	2	29.9	99.8	85.0	41.6	95.8	81.5	3 800	5 000
7218C	7218AC	90	160	30	2	1	100	150	2	31.7	122	105	44.2	118	100	3 600	4 800
7219C	7219AC	95	170	32	2.1	1.1	107	158	2.1	33.8	135	115	46.9	128	108	3 400	4 500
7220C	7220AC	100	180	34	2.1	1.1	112	168	2.1	35.8	148	128	49.7	142	122	3 200	4 300
(0)3 尺寸系列																	
7301C	7301AC	12	37	12	1	0.3	18	31	1	8.6	8.10	5.22	12	8.08	4.88	16 000	22 000
7302C	7302AC	15	42	13	1	0.3	21	36	1	9.6	9.38	5.95	13.5	9.08	5.58	15 000	2 000
7303C	7303AC	17	47	14	1	0.3	23	41	1	10.4	12.8	8.62	14.8	11.5	7.08	14 000	19 000
7304C	7304AC	20	52	15	1.1	0.6	27	45	1	11.3	14.2	9.68	16.3	13.8	9.10	12 000	17 000
7305C	7305AC	25	62	17	1.1	0.6	32	55	1	13.1	21.5	15.8	19.1	20.8	14.8	9500	14000
7306C	7306AC	30	72	19	1.1	0.6	37	65	1	15	26.5	19.8	22.2	25.2	18.5	8 500	12 000
7307C	7307AC	35	80	21	1.5	0.6	44	71	1.5	16.6	34.2	26.8	24.5	32.8	24.8	7 500	10 000
7308C	7308AC	40	90	23	1.5	0.6	49	81	1.5	18.5	40.2	32.3	27.5	38.5	30.5	6 700	9 000
7309C	7309AC	45	100	25	1.5	0.6	54	91	1.5	20.2	49.2	39.8	30.2	47.5	37.2	6 000	8 000
7310C	7310AC	50	110	27	2	1	60	100	2	22	53.5	47.2	33	55.5	44.5	5600	7500
7311C	7311AC	55	120	29	2	1	65	110	2	23.8	70.5	60.5	35.8	67.2	56.8	5 000	6 700
7312C	7312AC	60	130	31	2.1	1.1	72	118	2.1	25.6	80.5	70.2	38.7	77.8	65.8	4 800	6 300
7313C	7313AC	65	40	33	2.1	1.1	77	128	2.1	27.4	91.5	80.5	41.5	89.8	75.5	4 300	5 600
7314C	7314AC	70	150	35	2.1	1.1	82	138	2.1	29.2	102	91.5	44.3	98.5	86.0	4 000	5 300
7315C	7315AC	75	160	37	2.1	1.1	87	148	2.1	31	112	105	47.2	108	97.0	3 800	5 000
7316C	7316AC	80	170	39	2.1	1.1	92	158	2.1	32.8	122	118	50	118	108	3 600	4 800
7317C	7317AC	85	180	41	3	1.1	99	166	2.5	34.6	132	128	52.8	125	122	3 400	4 500
7318C	7318AC	90	190	43	3	1.1	104	176	2.5	36.4	142	142	55.6	135	135	3 200	4 300
7319C	7319AC	95	200	45	3	1.1	109	186	2.5	38.2	152	158	58.6	145	148	3 000	4 000
7320C	7320AC	100	215	47	3	1.1	114	201	2.5	40.2	162	175	61.9	165	178	2 600	3 600

注：1. 表中 C_r 值，对(0)0、(0)2 尺寸系列为真空脱气轴承钢的载荷能力；对(0)3、(0)4 尺寸系列为电炉轴承钢的载荷能力。

2. $r_{s\,min}$ 为 r 的单向最小倒角尺寸，$r_{1s\,min}$ 为 r_{1s} 的单向最小倒角尺寸。

表 10-73 圆锥滚子轴承(摘自 GB/T 297—1994)

30000型标准外形

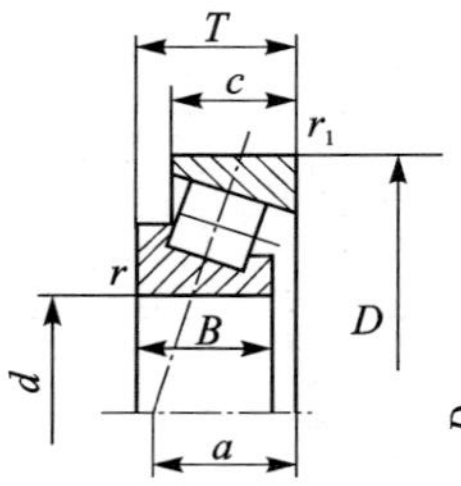

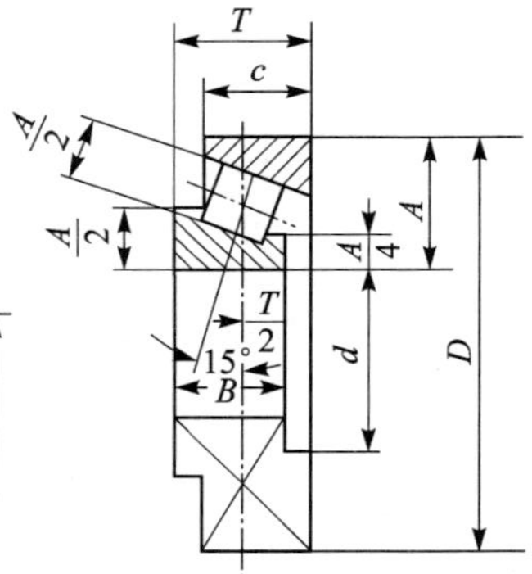

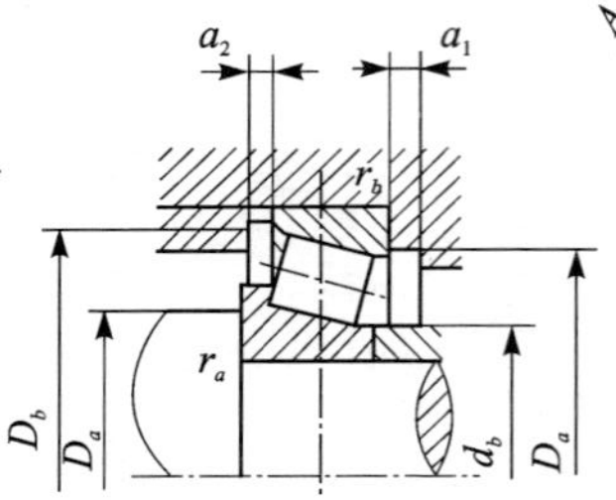

安装尺寸

简化画法

标记示例：
滚动轴承 30308 GB/T 297—1994

径向当量动载荷	径向当量静载荷
当 $\frac{F_a}{F_r} \leqslant e$ 时，$P_r = F_r$；当 $\frac{F_a}{F_r} > e$ 时，$P_r = 0.4F_r + YF_a$	$P_{0r} = 0.5F_r + Y_0F_a$；若 $P_{0r} < F_r$，则取 $P_{0r} = F_r$

轴承代号	尺寸/mm								安装尺寸/mm									计算系数			基本额定动载荷 C_r/kN	基本额定静载荷 C_{0r}/kN	极限转速/(r·min⁻¹)	
	d	D	T	B	C	r_s min	r_{1s} min	$a\approx$	d_a min	d_b max	D_a max	D_a max	D_h min	a_1 min	a_2 min	r_{as} max	r_{bs} max	e	Y	Y_0			脂润滑	油润滑
02 尺寸系列																								
30203	17	40	13.25	12	11	1	1	9.9	23	23	34	34	37	2	2.5	1	1	0.35	1.7	1	20.8	21.8	9 000	12 000
30204	20	47	15.25	14	12	1	1	11.2	26	27	40	41	43	2	3.5	1	1	0.35	1.7	1	28.2	30.5	8 000	10 000
30205	25	52	16.25	15	13	1	1	12.5	31	31	44	46	48	2	3.5	1	1	0.37	1.6	0.9	32.2	37.0	7 000	9 000
30206	30	62	17.25	16	14	1	1	13.8	36	37	53	56	58	2	3.5	1	1	0.37	1.6	0.9	43.2	50.5	6 000	7 500
30207	35	72	18.25	17	15	1.5	1.5	15.3	42	44	62	65	67	3	3.5	1.5	1.5	0.37	1.6	0.9	54.2	63.5	5 300	6 700
30208	40	80	19.75	18	16	1.5	1.5	16.9	47	49	69	73	75	3	4	1.5	1.5	0.37	1.6	0.9	63.0	74.0	5 000	6 300

续表 10－73

轴承代号	尺寸/mm								安装尺寸/mm									计算系数			基本额定动载荷 C_r/kN	基本额定静载荷 C_{0r}/kN	极限转速/($r\cdot min^{-1}$)	
	d	D	T	B	C	r_s min	r_{1s} min	$a\approx$	d_a min	d_b max	D_a max	D_a max	D_h min	a_1 min	a_2 min	r_{as} max	r_{bs} max	e	Y	Y_0			脂润滑	油润滑
02 尺寸系列																								
30209	45	85	20.75	19	16	1.5	1.5	18.6	52	53	74	78	80	3	5	1.5	1.5	0.4	1.5	0.8	67.8	83.5	4 500	5 600
30210	50	90	21.75	20	17	1.5	1.5	20	57	58	79	83	86	3	5	1.5	1.5	0.42	1.4	0.8	73.2	92.0	4 300	5 300
30211	55	100	22.75	21	18	2	1.5	21	64	64	88	91	95	4	5	2	1.5	0.4	1.5	0.8	90.8	115	3 800	4 800
30212	60	110	23.75	22	19	2	1.5	22.3	69	69	96	101	103	4	5	2	1.5	0.4	1.5	0.8	102	130	3 600	4 500
30213	65	120	24.75	23	20	2	1.5	23.8	74	77	106	111	114	4	5	2	1.5	0.4	1.5	0.8	120	152	3 200	4 000
30214	70	125	26.75	24	21	2	1.5	25.8	79	81	110	116	119	4	5.5	2	1.5	0.42	1.4	0.8	132	175	3 000	3 800
30215	75	130	27.25	25	22	2	1.5	27.4	84	85	115	121	125	4	5.5	2	1.5	0.44	1.4	0.8	138	185	2 800	3 600
30216	80	140	28.25	26	22	2.5	2	28.1	90	90	124	130	133	4	6	2.1	2	0.42	1.4	0.8	160	212	2 600	3 400
30217	85	150	30.5	28	24	2.5	2	30.3	95	96	132	140	142	5	6.5	2.1	2	0.42	1.4	0.8	178	238	2 400	3 200
30218	90	160	32.5	30	26	2.5	2	32.3	100	102	140	150	151	5	6.5	2.1	2	0.42	1.4	0.8	200	270	2 200	3 000
30219	95	170	34.5	32	27	3	2.5	34.2	107	108	149	158	160	5	7.5	2.5	2.1	0.42	1.4	0.8	228	308	2 000	2 800
30220	100	180	37	34	29	3	2.5	36.4	112	114	157	168	169	5	8	2.5	2.1	0.42	1.4	0.8	255	350	1 900	2 600
03 尺寸系列																								
30302	15	42	14.25	13	11	1	1	9.6	21	22	36	36	38	2	3.5	1	1	0.29	2.1	1.2	22.8	21.5	9 000	12 000
30303	17	47	15.25	14	12	1	1	10.4	23	25	40	41	43	3	3.5	1	1	0.29	2.1	1.2	28.2	27.2	8 500	11 000
30304	20	52	16.25	15	13	1.5	1.5	11.1	27	28	44	45	48	3	3.5	1.5	1.5	0.3	2	1.1	33.0	33.2	7 500	9 500
30305	25	62	18.25	17	15	1.5	1.5	13	32	34	54	55	589	3	3.5	1.5	1.5	0.3	2	1.1	46.8	48.0	6 300	8 000
30306	30	72	20.75	19	16	1.5	1.5	15.3	37	40	62	65	66	3	5	1.5	1.5	0.31	1.9	1.1	59.0	63.0	5 600	7 000

续表 10-73

轴承代号	尺寸/mm							安装尺寸/mm							计算系数				基本额定动载荷 C_r/kN	基本额定静载荷 C_{0r}/kN	极限转速/(r·min^{-1})	
	d	D	T	B	C	r_s min	r_{1s} min	$a\approx$	d_a min	d_b max	D_a max	D_a max	D_h min	a_1 min	a_2 min	r_{as} max	r_{bs} max	e	Y	Y_0			脂润滑	油润滑
03 尺寸系列																								
30307	35	80	22.75	21	18	2	1.5	16.8	44	45	70	71	74	3	5	2	1.5	0.31	1.9	1.1	75.2	82.5	5 000	6 300
30308	40	90	25.25	23	20	2	1.5	19.5	49	52	77	81	84	3	5.5	2	1.5	0.35	1.7	1	90.8	108	4 500	5 600
30309	45	100	27.25	25	22	2	1.5	21.3	54	59	86	91	94	3	5.5	2	1.5	0.35	1.7	1	108	130	4 000	5 000
30310	50	110	29.25	27	23	2.5	2	23	60	65	95	100	103	4	6.5	2	2	0.35	1.7	1	130	158	3 800	4 800
30311	55	120	31.5	29	25	2.5	2	24.9	65	70	104	110	112	4	6.5	2.5	2	0.35	1.7	1	152	188	3 400	4 300
30312	60	130	33.5	31	26	3	2.5	26.6	72	76	112	118	121	5	7.5	2.5	2.1	0.35	1.7	1	170	210	3 200	4 000
30313	65	140	36	33	28	3	2.5	28.7	77	83	122	128	131	5	8	2.5	2.1	0.35	1.7	1	195	242	2 800	3 600
30314	70	150	38	35	30	3	2.5	30.7	82	89	130	138	141	5	8	2.5	2.1	0.35	1.7	1	218	272	2 600	3 400
30315	75	160	40	37	31	3	2.5	32	87	95	139	148	150	5	9	2.5	2.1	0.35	1.7	1	252	318	2 400	3 200
30316	80	170	42.5	39	33	3	2.5	34.4	92	102	148	158	160	5	9.5	2.5	2.1	0.35	1.7	1	278	352	2 200	3 000
30317	85	180	44.5	41	34	4	3	35.9	99	107	156	166	168	6	10.5	3	2.5	0.35	1.7	1	305	388	2 000	2 800
30318	90	190	46.5	43	36	4	3	37.5	104	113	165	176	178	6	10.5	3	2.5	0.35	1.7	1	342	440	1 900	2 600
30319	95	200	49.5	45	38	4	3	40.1	109	118	172	186	185	6	11.5	3	2.5	0.35	1.7	1	370	478	1 800	2 400
30320	100	215	51.5	47	39	4	3	42.2	114	127	184	201	199	6	12.5	3	2.5	0.35	1.7	1	405	525	1 600	2 000
22 尺寸系列																								
32206	30	62	21.25	20	17	1	1	15.6	36	36	42	56	58	3	4.5	1	1	0.37	1.6	0.9	51.8	63.8	6 000	7 500
32207	35	72	24.25	23	19	1.5	1.5	17.9	42	42	61	65	68	3	4.5	1.5	1.5	0.37	1.6	0.9	70.5	89.5	5 300	6 700
32208	40	80	24.75	23	19	1.5	1.5	18.9	47	48	68	73	75	3	6	1.5	1.5	0.37	1.6	0.9	77.8	97.2	5 000	6 300
32209	45	85	24.75	23	19	1.5	1.5	20.1	52	53	73	78	81	3	6	1.5	1.5	0.4	1.5	0.8	80.8	105	4 500	5 600

续表 10-73

轴承代号	尺寸/mm						安装尺寸/mm								计算系数			基本额定动载荷 C_r/kN	基本额定静载荷 C_{0r}/kN	极限转速/(r·min^{-1})	
	d	D	T	B	C	r_s min	r_{1s} min	$a\approx$	d_a min	d_b max	D_a max	D_a max	D_h min	a_1 min	a_2 min	r_{as} max	r_{bs} max	e	Y	Y_0			脂润滑	油润滑

22 尺寸系列

32210	50	90	24.75	23	19	1.5	1.5	21	57	57	78	83	86	3	6	1.5	1.5	0.42	1.4	0.8	82.8	108	4 300	5 300
3211	55	100	26.75	25	21	2	1.5	22.8	64	62	87	91	96	4	6	2	1.5	0.4	1.5	0.8	108	142	3 800	4 800
32212	60	110	29.75	28	24	2	1.5	25	69	68	95	101	105	4	6	2	1.5	0.4	1.5	0.8	132	180	3 600	4 500
32213	65	120	32.75	31	27	2	1.5	27.3	74	75	104	111	115	4	6	2	1.5	0.4	1.5	0.8	160	222	3 200	4 000
32214	70	125	33.25	31	27	2	1.5	28.8	79	79	108	116	120	4	6.5	2	1.5	0.42	1.4	0.8	168	238	3 000	3 800
32215	75	130	33.25	31	27	2	1.5	30	84	84	115	121	126	4	6.5	2	1.5	0.44	1.4	0.8	170	242	2 800	3 600
32216	80	140	32.25	33	28	2.5	2	31.4	90	89	122	130	135	5	7.5	2.1	2	0.42	1.4	0.8	198	278	2 600	3 400
32217	85	150	38.5	36	30	2.5	2	33.9	95	95	130	140	143	5	8.5	2.1	2	0.42	1.4	0.8	228	325	2 400	3 200
32218	90	160	42.5	40	34	2.5	2	36.8	100	101	138	150	153	5	8.5	2.1	2	0.42	1.4	0.8	270	395	2 200	3 000
32219	95	170	45.5	43	37	3	2.5	39.2	107	106	145	158	163	5	8.5	2.5	2.1	0.42	1.4	0.8	302	448	2 000	2 800
32220	100	180	49	46	39	3	2.5	41.9	112	113	154	168	172	5	10	2.5	2.1	0.42	1.4	0.8	340	512	1 900	2 600

23 尺寸系列

32303	17	47	20.25	19	16	1	1	12.3	23	24	39	41	43	3	4.5	1	1	0.29	2.1	1.2	35.2	36.2	8 500	11 000
32304	20	52	22.25	21	18	1.5	1.5	13.6	27	26	43	45	48	3	4.5	1.5	1.5	0.3	2	1.1	42.8	46.2	7 500	9 500
32305	25	62	25.25	24	20	1.5	1.5	15.9	32	32	52	55	58	3	5.5	1.5	1.5	0.3	2	1.1	61.5	68.8	6 300	8 000
32306	30	72	28.75	27	23	1.5	1.5	18.9	37	38	59	65	66	4	6	1.5	1.5	0.31	1.9	1.1	81.5	96.5	5 600	7 000
32307	35	80	32.75	31	25	2	1.5	20.4	44	43	66	71	74	4	8.5	2	1.5	0.31	1.9	1.1	99.0	118	5 000	6 300
32308	40	90	35.25	33	27	2	1.5	23.3	49	49	73	81	83	4	8.5	2	1.5	0.35	1.7	1	115	148	4 500	5 600
32309	45	100	38.25	36	30	2	1.5	25.6	54	56	82	91	93	4	8.5	2	1.5	0.35	1.7	1	145	188	4 000	5 000

续表 10－73

轴承代号	尺寸/mm								安装尺寸/mm									计算系数			基本额定动载荷 C_r/kN	基本额定静载荷 C_{0r}/kN	极限转速/(r·min^{-1})	
	d	D	T	B	C	r_s min	r_{1s} min	$a\approx$	d_a min	d_b max	D_a max	D_a max	D_h min	a_1 min	a_2 min	r_{as} max	r_{bs} max	e	Y	Y_0			脂润滑	油润滑
23 尺寸系列																								
32310	50	110	42.25	40	33	2.5	2	28.2	60	61	90	100	102	5	9.5	2	2	0.35	1.7	1	178	235	3 800	4 800
32311	55	120	45.5	43	35	2.5	2	30.4	65	66	90	110	111	5	10	2.5	2	0.35	1.7	1	202	270	3 400	4 300
32312	60	130	48.5	46	37	3	2.5	32	72	72	107	118	122	6	11.5	2.5	2.1	0.35	1.7	1	228	302	3 200	4 000
32313	65	140	51	48	39	3	2.5	34.3	77	79	117	128	131	6	12	2.5	2.1	0.35	1.7	1	260	250	2 800	3 600
32314	70	150	54	51	42	3	2.5	36.5	82	84	125	138	141	6	12	2.5	2.1	0.35	1.7	1	298	408	2 600	3 400
32315	75	160	58	55	45	3	2.5	39.4	87	91	133	148	150	7	13	2.5	2.1	0.35	1.7	1	348	482	2 400	3 200
32316	80	170	61.5	58	48	3	2.5	42.1	92	97	142	158	160	7	13.5	2.5	2.1	0.35	1.7	1	388	542	2 200	3 000
32317	85	180	63.5	60	49	4	3	43.5	99	102	150	166	168	8	14.5	3	2.5	0.35	1.7	1	422	592	2 000	2 800
32318	90	190	67.5	64	53	4	3	46.2	104	107	157	176	178	8	14.5	3	2.5	0.35	1.7	1	478	682	1 900	2 600
32319	95	200	71.5	67	55	4	3	49	109	114	166	186	187	8	16.5	3	2.5	0.35	1.7	1	515	738	1 800	2 400
32320	100	215	77.5	73	60	4	3	52.9	114	122	177	201	201	8	17.5	3	2.5	0.35	1.7	1	600	872	1 600	2 000

注：1. 表中 C_r 值适用于轴承为真空脱气轴承钢材料。如为普通电炉钢，C_r 值降低；如为真空重熔或电渣熔轴承钢，C_r 值提高。

2. 表中 r_{smin} 为 r 的单向最小倒角尺寸；r_{1smin} 为 r_1 的单向最小倒角尺寸。

表 10－74　圆柱滚子轴承(摘自 GB/T 283—2007)

标记示例：
滚动轴承 N216E GB/T 283—2007
滚动轴承 NU416E GB/T 283—2007

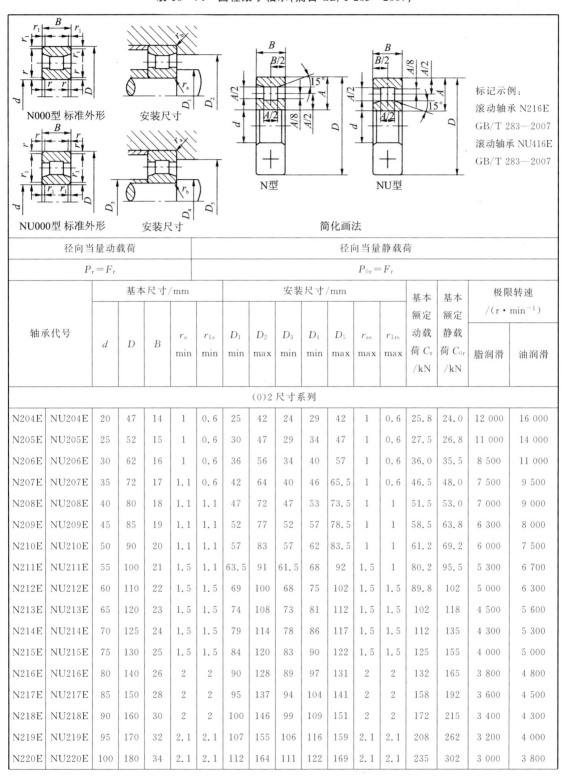

径向当量动载荷	径向当量静载荷
$P_r=F_r$	$P_{0r}=F_r$

轴承代号		基本尺寸/mm					安装尺寸/mm							基本额定动载荷 C_r /kN	基本额定静载荷 C_{0r} /kN	极限转速/(r·min⁻¹)	
		d	D	B	r_s min	r_{1s} min	D_1 min	D_2 max	D_3 min	D_4 min	D_5 max	r_{as} max	r_{1rs} max			脂润滑	油润滑
(0)2 尺寸系列																	
N204E	NU204E	20	47	14	1	0.6	25	42	24	29	42	1	0.6	25.8	24.0	12 000	16 000
N205E	NU205E	25	52	15	1	0.6	30	47	29	34	47	1	0.6	27.5	26.8	11 000	14 000
N206E	NU206E	30	62	16	1	0.6	36	56	34	40	57	1	0.6	36.0	35.5	8 500	11 000
N207E	NU207E	35	72	17	1.1	0.6	42	64	40	46	65.5	1	0.6	46.5	48.0	7 500	9 500
N208E	NU208E	40	80	18	1.1	1.1	47	72	47	53	73.5	1	1	51.5	53.0	7 000	9 000
N209E	NU209E	45	85	19	1.1	1.1	52	77	52	57	78.5	1	1	58.5	63.8	6 300	8 000
N210E	NU210E	50	90	20	1.1	1.1	57	83	57	62	83.5	1	1	61.2	69.2	6 000	7 500
N211E	NU211E	55	100	21	1.5	1.1	63.5	91	61.5	68	92	1.5	1	80.2	95.5	5 300	6 700
N212E	NU212E	60	110	22	1.5	1.5	69	100	68	75	102	1.5	1.5	89.8	102	5 000	6 300
N213E	NU213E	65	120	23	1.5	1.5	74	108	73	81	112	1.5	1.5	102	118	4 500	5 600
N214E	NU214E	70	125	24	1.5	1.5	79	114	78	86	117	1.5	1.5	112	135	4 300	5 300
N215E	NU215E	75	130	25	1.5	1.5	84	120	83	90	122	1.5	1.5	125	155	4 000	5 000
N216E	NU216E	80	140	26	2	2	90	128	89	97	131	2	2	132	165	3 800	4 800
N217E	NU217E	85	150	28	2	2	95	137	94	104	141	2	2	158	192	3 600	4 500
N218E	NU218E	90	160	30	2	2	100	146	99	109	151	2	2	172	215	3 400	4 300
N219E	NU219E	95	170	32	2.1	2.1	107	155	106	116	159	2.1	2.1	208	262	3 200	4 000
N220E	NU220E	100	180	34	2.1	2.1	112	164	111	122	169	2.1	2.1	235	302	3 000	3 800

续表 10－74

轴承代号		基本尺寸/mm					安装尺寸/mm							基本额定动载荷 C_r /kN	基本额定静载荷 C_{0r} /kN	极限转速 /(r·min^{-1})	
		d	D	B	r_s min	r_{1s} min	D_1 min	D_2 max	D_3 min	D_4 min	D_5 max	r_{as} max	r_{1rs} max			脂润滑	油润滑
(0)3 尺寸系列																	
N304E	NU304E	20	52	15	1.1	0.6	26.5	47	24	30	45.5	1	0.6	29.0	25.5	11 000	15 000
N305E	NU305E	25	62	17	1.1	1.1	31.5	55	31.5	37	55.5	1	1	38.5	35.8	9 000	12 000
N306E	NU306E	30	72	19	1.1	1.1	37	64	36.5	44	65.5	1	1	49.2	48.2	8 000	10 000
N307E	NU307E	35	80	21	1.5	1.1	44	71	42	48	72	1.5	1	62.0	63.2	7 000	9 000
N308E	NU308E	40	90	23	1.5	1.5	49	80	48	55	82	1.5	1.5	76.8	77.8	6 300	8 000
N309E	NU309E	45	100	25	1.5	1.5	54	89	53	60	92	1.5	1.5	93.0	98.0	5 600	7 000
N310E	NU310E	50	110	27	2	2	60	98	59	67	101	2	2	105	112	5 300	6 700
N311E	NU311E	55	120	29	2	2	65	107	64	72	111	2	2	128	138	4 800	6 000
N312E	NU312E	60	130	31	2.1	2.1	72	116	71	79	119	2.1	2.1	142	155	4 500	5 600
N313E	NU313E	65	140	33	2.1	2.1	77	125	76	85	129	2.1	2.1	170	188	4 000	5 000
N314E	NU314E	70	150	35	2.1	2.1	82	134	81	92	139	2.1	2.1	195	220	3 800	4 800
N315E	NU315E	75	160	37	2.1	2.1	87	143	86	97	149	2.1	2.1	228	260	3 600	4 500
N316E	NU316E	80	170	39	2.1	2.1	92	151	91	105	159	2.1	2.1	245	282	3 400	4 300
N317E	NU317E	85	180	41	3	3	99	160	98	110	167	2.5	2.5	280	332	3 200	4 000
N318E	NU318E	90	190	43	3	3	104	169	103	117	177	2.5	2.5	298	348	3 000	3 800
N319E	NU319E	95	200	45	3	3	109	178	108	124	187	2.5	2.5	315	380	2 800	3 600
N320E	NU320E	100	215	47	3	3	114	190	113	132	202	2.5	2.5	365	425	2 600	3 200

表 10－75 推力球轴承(GB/T 301—1995 摘录)

外形尺寸　安装尺寸　规定画法

轴向当量动载荷　$P_a = F_a$

轴向当量静载荷　$P_{0a} = F_a$

标记示例：

滚动轴承　51208　GB/T 301

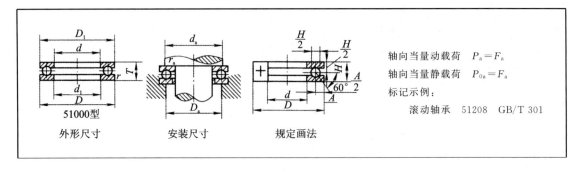

续表 10-75

轴承代号		尺寸/mm						安装尺寸/mm			基本额定负荷/kN		极限转速/(r·min^{-1})	
新	旧	d	D	T	d_1 min	D_1 max	r_a min	d_a min	D_a max	r_{as} min	C_a（动）	C_{oa}（静）	脂润滑	油润滑
12(51200型)尺寸系列															
51204	8204	20	40	14	22	40	0.6	32	28	0.6	22.2	37.5	3 800	5 300
51205	8205	25	47	15	27	47	0.6	38	34	0.6	27.8	50.5	3 400	4 800
51206	8206	30	52	16	32	52	1	43	39	1	28.0	54.2	3 200	4 500
51207	8207	35	62	18	37	62	1	51	45	1	39.2	78.2	2 800	4 000
51208	8208	40	68	19	42	68	1	57	51	1	47.0	98.2	2 400	3 600
51209	8209	45	73	20	47	73	1	62	56	1	47.8	105	2 200	3 400
51210	8210	50	78	22	52	78	1	67	61	1	48.5	112	2 000	3 200
51211	8211	55	90	25	57	90	1	76	69	1	67.5	158	1 900	3 000
51212	8212	60	95	26	62	95	1	81	74	1	73.5	178	1 800	2 800
51213	8213	65	100	27	67	100	1	86	79	1	74.8	188	1 700	2 600
51214	8214	70	105	27	72	105	1	91	84	1	73.5	188	1 600	2 400
51215	8215	75	110	27	77	110	1	96	89	1	74.8	198	1 500	2 200
51216	8216	80	115	28	82	115	1	101	94	1	83.8	222	1 400	2 000
13(51300型)尺寸系列															
51304	8304	20	47	18	22	47	1	36	31	1	35.0	55.8	3 600	4 500
51305	8305	25	52	18	27	52	1	41	36	1	35.5	61.5	3 000	4 300
51306	8306	30	60	21	32	60	1	48	42	1	42.8	78.5	2 400	3 600
51307	8307	35	68	24	37	68	1	55	48	1	55.2	105	2 000	3 200
51308	8308	40	78	26	42	78	1	63	55	1	69.2	135	1 900	3 000
51309	8309	45	85	28	47	85	1	69	61	1	75.8	150	1 700	2 600
51310	8310	50	95	31	52	95	1.1	77	68	1	96.5	202	1 600	2 400
51311	8311	55	105	35	57	105	1.1	85	75	1	115	242	1 500	2 200
51312	8312	60	110	35	62	110	1.1	90	80	1	118	262	1 400	2 000
51313	8313	65	115	36	67	115	1.1	95	85	1	115	262	1 300	1 900
51314	8314	70	125	40	72	125	1.1	103	92	1	148	340	1 200	1 800
51315	8315	75	135	44	77	135	1.5	111	99	1.5	162	380	1 100	1 700
51316	8316	80	140	44	82	140	15	116	104	1.5	160	380	1 000	1 600

表 10－76　安装向心轴承的轴公差带(摘自 GB/T 275—1993)

运转状态		载荷状态	深沟球轴承、调心球轴承和角接触球轴承	圆柱滚子轴承和圆锥滚子轴承	调心滚子轴承	公差带
说　明	举　例		轴承公称内径/mm			
旋转的内圈载荷及摆动载荷	一般通用机械、电动机、机床主轴、泵、内燃机、直齿轮传动装置、铁路机车车辆轴箱、破碎机等	轻载荷 $P \leqslant 0.07C_r$	≤18 >18～100 >100～200	— ≤40 >40～140	— ≤40 >40～100	h5 j6[1] k6[1]
		正常载荷 $0.07C_r < P < 0.15C_r$	≤18 >18～100 >100～140 >140～200	— ≤40 >40～100 >100～140	— ≤40 >40～65 >65～100	j5,js5 k5[2] m5[2] m6
		重载荷 $P > 0.15C_r$	— —	>50～140 >140～200	>50～100 >100～140	N6 P6[3]
固定的内圈载荷	静止轴上的各种轮子、张紧轮、绳轮、振动筛、惯性振动器	所有载荷	所有尺寸			f6 g6[1] h6 j6
仅有轴向载荷			所有尺寸			j6,js6

注：1. 凡对精度有较高要求的场合，应用 j5、k5…代替 j6、k6…。

2. 圆锥滚子轴承、角接触球轴承配合对游隙影响不大，可用 k6 和 m6 代替 k5 和 m5。

3. 重载荷下轴承游隙应选大于 0 组。

表 10－77　安装向心轴承的外壳孔公差带(摘自 GB/T 275—1993)

运转状态		载荷状态	其他状况	公差带[1]	
说　明	举　例			球轴承	滚子轴承
固定的外圈载荷	一般机械、铁路机车车辆轴箱、电动机、泵、曲轴主轴承	轻、正常、重	轴向易移动，可采用剖分式外壳	H7,G7[2]	
		冲击	轴向能移动，可采用整体式或剖分式外壳	J7、JS7	
摆动载荷		轻、正常			
		正常、重	轴向不移动，采用整体式外壳	K7	
		冲击		M7	
旋转的外圈载荷	张紧滑轮、轴毂轴承	轻		J7	K7
		正常		K7,M7	M7,N7
		重		—	N7,P7

注：1. 并列公差带随尺寸的增大从左至右选择，对旋转精度有较高要求时，可相应提高一个公差等级。

2. 不适用于剖分式外壳。

表10-78 安装推力轴承的轴、外壳孔公差带(摘自 GB/T 275—1993)

运转状态	载荷状态	安装推力轴承的轴公差带		安装推力轴承的外壳孔公差带	
		轴承类型	公差带	轴承类型	公差带
仅有轴向载荷		推力球轴承	j6,js6	推力球轴承	H8
		推力圆柱滚子轴承		推力圆柱滚子轴承	H7

表10-79 轴和外壳孔的形位公差(摘自 GB/T 275—1993)

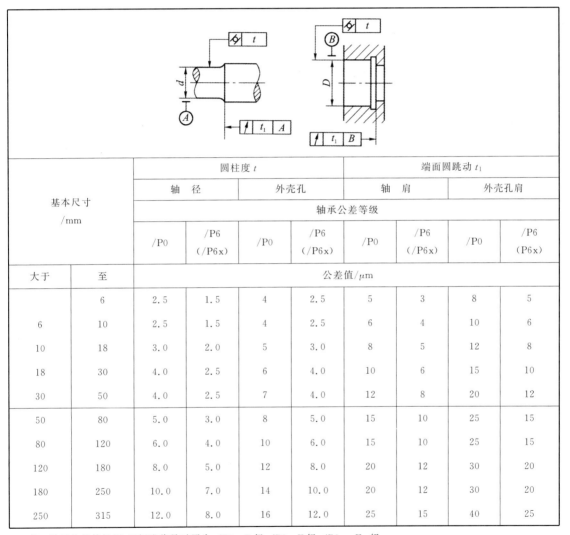

基本尺寸 /mm		圆柱度 t				端面圆跳动 t_1			
		轴径		外壳孔		轴肩		外壳孔肩	
		轴承公差等级							
		/P0	/P6 (/P6x)	/P0	/P6 (/P6x)	/P0	/P6 (/P6x)	/P0	/P6 (P6x)
大于	至	公差值/μm							
	6	2.5	1.5	4	2.5	5	3	8	5
6	10	2.5	1.5	4	2.5	6	4	10	6
10	18	3.0	2.0	5	3.0	8	5	12	8
18	30	4.0	2.5	6	4.0	10	6	15	10
30	50	4.0	2.5	7	4.0	12	8	20	12
50	80	5.0	3.0	8	5.0	15	10	25	15
80	120	6.0	4.0	10	6.0	15	10	25	15
120	180	8.0	5.0	12	8.0	20	12	30	20
180	250	10.0	7.0	14	10.0	20	12	30	20
250	315	12.0	8.0	16	12.0	25	15	40	25

注:轴承公差等级新、旧标准代号对照为:/P0—G级;/P6—E级;/P6x—Ex级。

表 10-80　配合表面的粗糙度(摘自 GB/T 275—1993)

轴或轴承座直径/mm		轴或外壳配合表面直径公差等级								
		IT7			IT6			IT5		
		表面粗糙度/μm								
大于	至	Rz	Ra		Rz	Ra		Rz	Ra	
			磨	车		磨	车		磨	车
	80	10	1.6	3.2	6.3	0.8	1.6	4	0.4	0.8
80	500	16	1.6	3.2	10	1.6	3.2	6.3	0.8	1.6
端面		25	3.2	6.3	25	3.2	6.3	10	1.6	3.2

注：与 P0、/P6(/P6x)级公差轴承配合的轴，其公差等级一般为 IT6，外壳孔一般为 IT7。

表 10-81　角接触轴承和推力球轴承的轴向游隙　μm

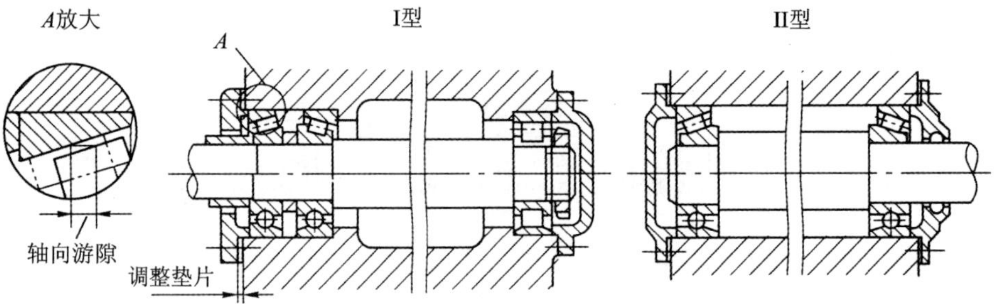

轴承内径 d(mm)		角接触球轴承				圆锥滚子轴承				推力球轴承		
		Ⅰ型	Ⅱ型	Ⅰ型	Ⅱ型轴承间允许的间距(大概值)	Ⅰ型	Ⅱ型	Ⅰ型	Ⅱ型轴承间允许的间距(大概值)	轴承系列		
		接触角 α				接触角 α						
大于	至	$\alpha=15°$		$\alpha=25°$ 及 40°		$\alpha=10°\sim18°$		$\alpha=27°\sim30°$		51100	51200 51300	51400
	30	20～40	30～50	10～20	$8d$	20～40	40～70	—	$14d$	10～20	20～40	—
30	50	30～50	40～70	15～30	$7d$	40～70	50～100	20～40	$12d$			
50	80	40～70	50～100	20～40	$6d$	50～100	80～150	30～50	$11d$	20～40	40～60	60～80
80	120	50～100	60～150	30～50	$5d$	80～150	120～200	40～70	$10d$			

10.21 滚动轴承座

表 10-82 二螺柱立式轴承座(摘自 GB/T 7813—2008) mm

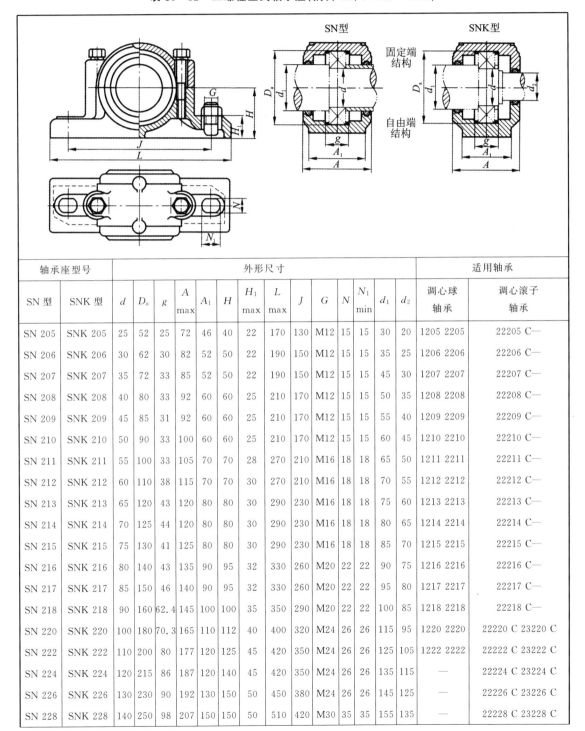

轴承座型号		外形尺寸														适用轴承	
SN 型	SNK 型	d	D_a	g	A max	A_1	H	H_1 max	L max	J	G	N	N_1 min	d_1	d_2	调心球轴承	调心滚子轴承
SN 205	SNK 205	25	52	25	72	46	40	22	170	130	M12	15	15	30	20	1205 2205	22205 C—
SN 206	SNK 206	30	62	30	82	52	50	22	190	150	M12	15	15	35	25	1206 2206	22206 C—
SN 207	SNK 207	35	72	33	85	52	50	22	190	150	M12	15	15	45	30	1207 2207	22207 C—
SN 208	SNK 208	40	80	33	92	60	60	25	210	170	M12	15	15	50	35	1208 2208	22208 C—
SN 209	SNK 209	45	85	31	92	60	60	25	210	170	M12	15	15	55	40	1209 2209	22209 C—
SN 210	SNK 210	50	90	33	100	60	60	25	210	170	M12	15	15	60	45	1210 2210	22210 C—
SN 211	SNK 211	55	100	33	105	70	70	28	270	210	M16	18	18	65	50	1211 2211	22211 C—
SN 212	SNK 212	60	110	38	115	70	70	30	270	210	M16	18	18	70	55	1212 2212	22212 C—
SN 213	SNK 213	65	120	43	120	80	80	30	290	230	M16	18	18	75	60	1213 2213	22213 C—
SN 214	SNK 214	70	125	44	120	80	80	30	290	230	M16	18	18	80	65	1214 2214	22214 C—
SN 215	SNK 215	75	130	41	125	80	80	30	290	230	M16	18	18	85	70	1215 2215	22215 C—
SN 216	SNK 216	80	140	43	135	90	95	32	330	260	M20	22	22	90	75	1216 2216	22216 C—
SN 217	SNK 217	85	150	46	140	90	95	32	330	260	M20	22	22	95	80	1217 2217	22217 C—
SN 218	SNK 218	90	160	62.4	145	100	100	35	350	290	M20	22	22	100	85	1218 2218	22218 C—
SN 220	SNK 220	100	180	70.3	165	110	112	40	400	320	M24	26	26	115	95	1220 2220	22220 C 23220 C
SN 222	SNK 222	110	200	80	177	120	125	45	420	350	M24	26	26	125	105	1222 2222	22222 C 23222 C
SN 224	SNK 224	120	215	86	187	120	140	45	420	350	M24	26	26	135	115	—	22224 C 23224 C
SN 226	SNK 226	130	230	90	192	130	150	50	450	380	M24	26	26	145	125	—	22226 C 23226 C
SN 228	SNK 228	140	250	98	207	150	150	50	510	420	M30	35	35	155	135	—	22228 C 23228 C

续表 10-82

轴承座型号		外形尺寸														适用轴承	
SN 型	SNK 型	d	D_a	g	A max	A_1	H	H_1 max	L max	J	G	N	N_1 min	d_1	d_2	调心球轴承	调心滚子轴承
SN 230	SNK 230	150	270	106	224	160	160	60	540	450	M30	35	35	165	145	—	222230 C 23230 C
SN 232	SNK 232	160	290	114	237	160	170	60	560	470	M30	35	35	175	150	—	22232 C 23232 C
SN 305	SNK 305	25	62	34	82	52	50	22	185	150	M12	15	20	30	20	1305 2305	—
SN 306	SNK 306	30	72	37	85	52	50	22	185	150	M12	15	20	35	25	1306 2306	—
SN 307	SNK 307	35	80	41	92	60	60	25	205	170	M12	15	20	45	30	1307 2307	—
SN 308	SNK 308	40	90	43	100	60	60	25	205	170	M12	15	20	50	35	1308 2308	22308 C 21308 C
SN 309	SNK 309	45	100	46	105	70	70	28	255	210	M16	18	23	55	40	1399 2309	22309 C 21309 C
SN 310	SNK 310	50	110	50	115	70	70	30	255	210	M16	18	23	60	45	1310 2310	22310 C 21310 C
SN 311	SNK 311	55	120	53	120	80	80	30	275	230	M16	18	23	65	50	1311 2311	22311 C 21311 C
SN 312	SNK 312	60	130	56	125	80	80	30	280	230	M16	18	23	70	55	1312 2312	22312 C 21312 C
SN 313	SNK 313	65	140	58	135	90	95	32	315	260	M20	22	27	75	60	1313 2313	22313 C 21313 C
SN 314	SNK 314	70	150	61	140	90	95	32	320	260	M20	22	27	80	65	1314 2314	22314 C 21314 C
SN 315	SNK 315	75	160	65	145	100	100	35	345	290	M20	22	27	85	70	1315 2315	22315 C 21315 C
SN 316	SNK 316	80	170	68	150	100	112	35	345	290	M20	22	27	90	75	1316 2316	22316 C 21316 C
SN 317	SNK 317	85	180	70	165	110	112	40	380	320	M24	26	32	95	80	1317 2317	22317 C 21317 C

注：1. SN 224～SN 232，SNK 224～SNK 232 应装有吊环螺钉。
　　2. d_2 适用于 SNK 型轴承座。

表 10-83　四螺柱立式轴承座(摘自 GB/T 7813—2008)

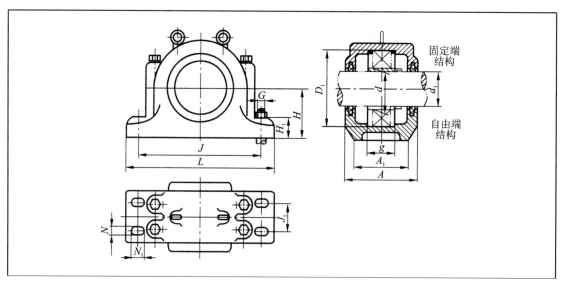

续表 10-83

轴承座型号	外形尺寸												适用轴承及附件	
	D_a	H	g	J	J_1	A max	L max	A_1	H_1 max	G	d_1	N	N_1 min	调心滚子轴承	紧定套
SD 3134 TS	280	170	108	430	100	235	515	180	70	M24	150	28	28	23134 CK	H3134
SD 3136 TS	300	180	116	450	110	245	535	190	75	M24	160	28	28	23136 CK	H 3136
SD 3138 TS	320	190	124	480	120	265	565	210	80	M24	170	28	28	23138 CK	H 3138
SD 3140 TS	340	210	132	510	130	285	615	230	85	M30	180	35	35	23140 CK	H 3140
SD 3144 TS	370	220	140	540	140	295	645	240	90	M30	200	35	35	23144 CK	H3144
SD 3148 TS	400	240	148	600	150	315	705	260	95	M30	220	35	35	23148 CK	H 3148
SD 3152 TS	440	260	164	650	160	325	775	280	100	M36	240	42	42	23152 CAK	H 3152
SD 3156 TS	460	280	166	670	160	325	795	280	105	M36	260	42	42	23156 CAK	H 3156
SD 3160 TS	500	300	180	710	190	355	835	310	110	M36	280	42	42	23160 CAK	H 3160
SD 3164 TS	540	320	196	750	200	375	885	330	115	M36	300	42	42	23164 CAK	H 3164

注：不利用止推环使轴承在轴承座内固定时，g 值减小 20 mm。

10.22 联轴器

表 10-84　凸缘联轴器（摘自 GB/T 5843—2003）

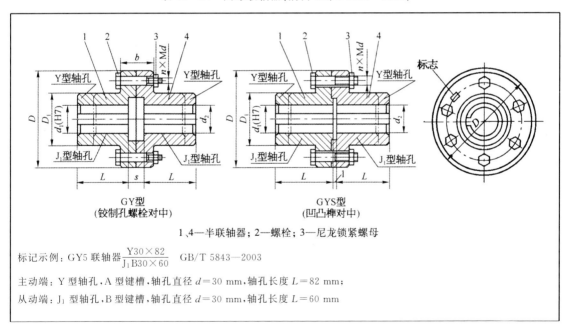

1、4—半联轴器；2—螺栓；3—尼龙锁紧螺母

标记示例：GY5 联轴器 $\dfrac{Y30 \times 82}{J_1 B30 \times 60}$ GB/T 5843—2003

主动端：Y 型轴孔，A 型键槽，轴孔直径 $d=30$ mm，轴孔长度 $L=82$ mm；
从动端：J_1 型轴孔，B 型键槽，轴孔直径 $d=30$ mm，轴孔长度 $L=60$ mm

续表 10－84

型号	公称转矩 T_n /(N·m)	许用转速 $[n]$ /($r·min^{-1}$)	轴孔直径 d_1,d_2 /mm	轴孔长度 L/mm Y型	轴孔长度 L/mm J_1型	D /mm	D_1 /mm	b /mm	s /mm	转动惯量 I /($kg·m^2$)	质量 m /kg
GY1 GYS1	25	12 000	12,14	32	27	80	30	26	6	0.000 8	1.16
			16,18,19	42	30						
GY2 GYS2	63	10 000	16,18,19	42	30	90	40	28		0.001 5	1.72
			20,22,24	52	38						
			25	62	44						
GY3 GYS3	112	9 500	20,22,24	52	38	100	45	30		0.002 5	2.38
			25,28	62	44						
GY4 GYS4	224	9 000	25,28	62	44	105	55	32		0.003	3.15
			30,32,55	82	60						
GY5 GYS5	400	8 000	30,32,35,38	82	60	120	68	36	8	0.007	5.43
			40,42	112	84						
GY6 GYS6	900	6 800	38	82	60	140	80	40		0.015	7.59
			40,42,45,48,50	112	84						
GY7 GYS7	1 600	6 000	48,50,55,56	112	84	160	100	40		0.031	13.1
			60,63	142	107						
GY8 GYS8	3 150	4 800	60,63,65,70,71,75	142	107	200	130	50	10	0.103	27.5
			80	172	132						
GY9 GYS9	6 300	3 600	75	142	107	260	160	66		0.319	47.8
			80,85,90,95	172	132						
			100	212	167						
GY10 GYS10	10 000	3 200	90,95	172	132	300	200	72		0.720	82.0
			100,110,120,125	212	167						
GY11 GYS11	25 000	2 500	120,125	212	167	380	260	80		2.278	162.2
			130,140,150	252	202						
			160	302	242						
GY12 GYS12	50 000	2 000	150	252	202	460	320	92	12	5.923	285.6
			160,170,180	302	242						
			190,200	352	282						

注：1. 半联轴器材料为 35 钢。

2. 联轴器质量和转动惯量是按 GY 型联轴器 Y/J_1 轴孔组合形式和最小轴孔直径计算的。

3. 本联轴器不具备径向、轴向和角向的补偿性能，刚性好，传递转矩大，结构简单，工作可靠，维护简便，适用于两轴对中精度良好的一般轴系传动。

表 10-85　LH 型弹性柱销联轴器(GB/T 5014—2003 摘录)

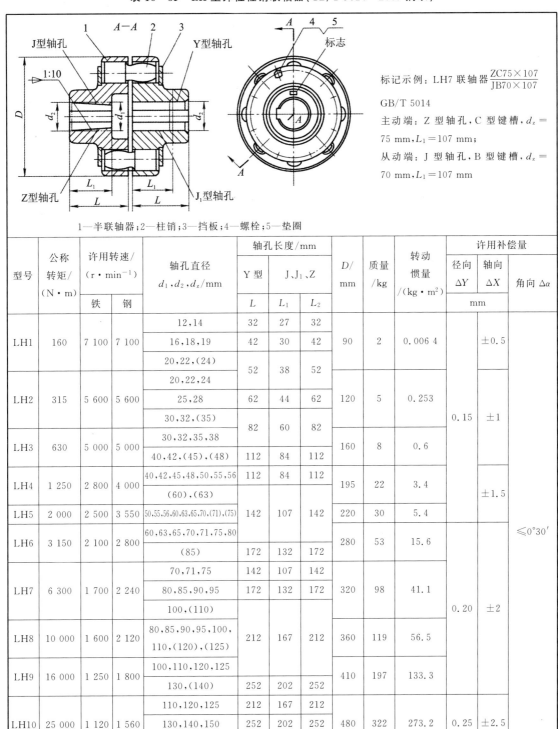

标记示例：LH7 联轴器 $\frac{ZC75\times 107}{JB70\times 107}$ GB/T 5014

主动端：Z 型轴孔，C 型键槽，d_z = 75 mm，L_1 = 107 mm；

从动端：J 型轴孔，B 型键槽，d_z = 70 mm，L_1 = 107 mm

1—半联轴器；2—柱销；3—挡板；4—螺栓；5—垫圈

型号	公称转矩/(N·m)	许用转速/(r·min⁻¹)		轴孔直径 d_1、d_2、d_z/mm	轴孔长度/mm			D/mm	质量/kg	转动惯量/(kg·m²)	许用补偿量		
					Y 型	J、J_1、Z					径向 ΔY	轴向 ΔX	角向 Δα
		铁	钢		L	L_1	L_2				mm		
LH1	160	7 100	7 100	12,14	32	27	32	90	2	0.006 4	0.15	±0.5	≤0°30′
				16,18,19	42	30	42						
				20,22,(24)	52	38	52						
LH2	315	5 600	5 600	20,22,24				120	5	0.253		±1	
				25,28	62	44	62						
				30,32,(35)	82	60	82						
LH3	630	5 000	5 000	30,32,35,38				160	8	0.6			
				40,42,(45),(48)	112	84	112						
LH4	1 250	2 800	4 000	40,42,45,48,50,55,56	112	84	112	195	22	3.4		±1.5	
				(60),(63)	142	107	142						
LH5	2 000	2 500	3 550	50,55,56,60,63,65,70,(71),(75)				220	30	5.4			
LH6	3 150	2 100	2 800	60,63,65,70,71,75,80				280	53	15.6	0.20	±2	
				(85)	172	132	172						
LH7	6 300	1 700	2 240	70,71,75	142	107	142	320	98	41.1			
				80,85,90,95	172	132	172						
				100,(110)	212	167	212						
LH8	10 000	1 600	2 120	80,85,90,95,100,110,(120),(125)				360	119	56.5			
LH9	16 000	1 250	1 800	100,110,120,125				410	197	133.3			
				130,(140)	252	202	252						
LH10	25 000	1 120	1 560	110,120,125	212	167	212	480	322	273.2	0.25	±2.5	
				130,140,150	252	202	252						
				160,(170),(180)	302	242	302						

注：1. 括号内的值仅适用于钢制联轴器。

2. 本联轴器结构简单，制造容易，装拆更换弹性元件方便，有微量补偿两轴线偏移和缓冲吸振能力，主要用于载荷较平稳、起动频繁、对缓冲要求不高的中、低速轴系传动，工作温度为−20～70 ℃。

表 10-86 LT 型弹性套柱销联轴器(GB/T 4323—2002 摘录)

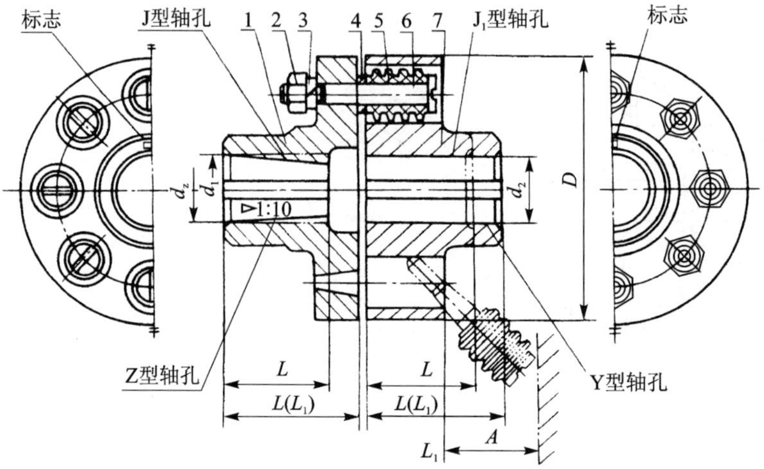

标记示例：

主动端：Z 型轴孔、C 型键槽、$d_z=16$ mm、$L=30$ mm；

从动端：J 型轴孔、B 型键槽、$d_2=18$ mm、$L=42$ mm

LT3 联轴器 $\frac{ZC16\times30}{JB18\times42}$ GB/T 4323—2002

型号	公称转矩 T_n	许用转速[n]		轴孔直径 d_1、d_2、d_z		轴孔长度 Y 型	轴孔长度 J、J_1、Z 型		$L_{推荐}$	D	A	质量	转动惯量	许用安装补偿	
		铁	钢	铁	钢	L	L_1	L						ΔY	Δα
	N·m	r/min		mm								kg	kg·m²	mm	(′)
LT1	6.3	6 600	8 800	9	9	20	14	—	25	71	18	0.82	0.000 5	0.1	45
				11、10	11、10	25	17								
				12	12、14	32	20								
LT2	16	5 500	7 600	12、14	12、14				35	80		1.20	0.000 8		
				16	16、18、19	42	30	42							
LT3	31.5	4 700	6 300	16、18、19	16、18、19				38	95	35	2.20	0.002 3		
				20	20、22	52	38	52							
LT4	63	4 200	5 700	20、22、24	20、22、24				40	106		2.84	0.003 7		
				—	25、28	62	44	62							
LT5	125	3 600	4 600	25、28	25、28				50	130	45	6.05	0.012	0.15	
				30、32	30、32、35	82	60	82							
LT6	250	3 300	3 800	32、35、38	32、35、38				55	160		9.75	0.028		30
				40	40、42	112	84	112							
LT7	500	2 800	3 600	40、42、45	40、42、45、48				65	190		14.01	0.055		

续表 10-86

型号	公称转矩 T_n N·m	许用转速 [n]		轴孔直径 d_1、d_2、d_z		轴孔长度			$L_{推荐}$	D	A	质量 kg	转动惯量 kg·m²	许用安装补偿	
						Y型	J、J_1、Z型							ΔY	$\Delta \alpha$
		铁	钢	铁	钢	L	L_1	L						mm	(′)
		r/min		mm											
LT8	710	2 400	3 000	45、48、50、55		112	84	112	70	224		23.12	0.130		
				—	56										
				—	60、63	142	107	142							
LT9	1 000	2 100	2 850	50、55、56		112	84	112	80	250	65	30.69	0.213	0.2	30
				60、63											
					65、70、71	142	107	142							
LT10	2 000	1 700	2 300	63、65、70、71、75					100	315	80	61.40	0.660		
				80、85	80、85、90、95	172	132	172							
LT11	4 000	1 350	1 800	80、85、90、96					115	400	100	120.70	2.122	0.25	
				100、110		212	167	212							
LT12	8 000	1 100	1 450	100、110、120、125					135	475	130	210.34	5.390		15
				—	130	252	202	252							
LT13	16 000	800	1 150	120、125		212	167	212	160	600	180	419.36	17.580	0.3	
				130、140、150		252	202	252							
				160	160、170	302	242	302							

注：1. 优先选用 $L_{推荐}$ 轴孔长度。
2. 重量、转动惯量按材料为钢、最大轴孔、$L_{推荐}$ 计算的近似值。
3. 联轴器许用运转补偿量为安装补偿量的一倍。
4. 联轴器短时过载不得超过公称转矩的二倍。

表 10-87 梅花形弹性联轴器（摘自 GB/T 5272—2002）

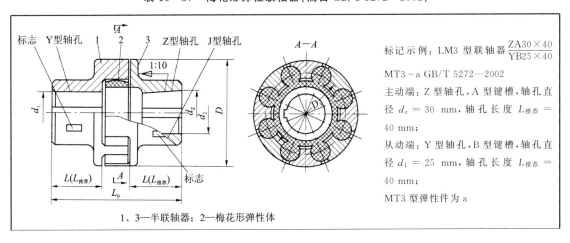

标记示例：LM3 型联轴器 $\dfrac{ZA30 \times 40}{YB25 \times 40}$
MT3-a GB/T 5272—2002
主动端：Z 型轴孔，A 型键槽，轴孔直径 $d_z = 30$ mm，轴孔长度 $L_{推荐} = 40$ mm；
从动端：Y 型轴孔，B 型键槽，轴孔直径 $d_1 = 25$ mm，轴孔长度 $L_{推荐} = 40$ mm；
MT3 型弹性件为 a

1、3—半联轴器；2—梅花形弹性体

续表 10-87

型号	公称转矩 T_n(N·m)		许用转速 [n] /(r·min^{-1})	轴孔直径 d_1,d_2,d_z /mm	轴孔长度 L/mm			L_0 /mm	D /mm	弹性件型号	质量 m /kg	转动惯量 I /(kg·m^2)	许用补偿量		
	弹性件硬度				Y 型	Z、J 型	$L_{推荐}$						径向 Δy /mm	轴向 Δx /mm	角向 $\Delta\alpha$
	aHA 80±5	bHD 60±5													
LM1	25	45	15 300	12,14	32	27	35	86	50	MT1$^{-a}_{-b}$	0.66	0.000 2	0.5	1.2	2°
				16,18,19	42	30									
				20,22,24	52	381.2									
				25	62	44									
LM2	50	100	12 000	16,18,19	42	30	38	95	60	MT2$^{-a}_{-b}$	0.93	0.000 4	0.6	1.3	
				20,22,24	52	38									
				25,28	62	44									
				30	82	60									
LM3	100	200	10 900	20,22,24	52	38	40	103	70	MT3$^{-a}_{-b}$	1.41	0.000 9	0.8	1.5	
				25,28	62	44									
				30,32	82	60									
LM4	140	280	9 000	22,24	52	38	45	114	85	MT4$^{-a}_{-b}$	2.18	0.002 0	0.8	2.0	
				25,28	62	44									
				30,32,35,38	82	60									
				40	112	84									
LM5	350	400	7 300	25,28	62	44	50	127	105	MT5$^{-a}_{-b}$	3.60	0.005 0	0.8	2.5	
				30,32,35,38	82	60									
				40,42,45	112	84									
LM6	400	710	6 100	30,32,35,38	82	60	55	143	125	MT6$^{-a}_{-b}$	6.07	0.011 4	1.0	3.0	1.5°
				40,42,45,48	112	84									
LM7	630	1 120	5 300	35*,38*	82	60	60	159	145	MT7$^{-a}_{-b}$	9.09	0.023 2	1.0	3.0	
				40*,45*,45,48,50,55	112	84									
LM8	1 120	2 240	4 500	45*,48*,50,55,56	112	84	70	181	170	MT8$^{-a}_{-b}$	13.56	0.046 8	1.0	3.5	
				60,63,65*	142	107									
LM9	1 800	3 550	3 800	50*,55*,56*	112	84	80	208	200	MT9$^{-a}_{-b}$	21.40	0.104 1	1.5	4.0	
				60,63,65,70,71,75	142	107									
				80	172	132									

注：1. 带“*”者轴孔直径可用于 Z 型轴孔。

2. 本联轴器补偿两轴的位移量较大，有一定弹性和缓冲性，常用于中小功率、中高速、起动频繁、有正反转变化和要求工作可靠的部位。由于安装时需轴向位移两半联轴器，故不宜用于大型、重型设备上，工作温度为−35～80 ℃。

3. 表中 a、b 为弹性件两种不同材质和硬度的代号，a 的材料为聚氨酯，b 为铸型尼龙。

表 10-88　联轴器轴孔和连接形式与尺寸(摘自 GB/T 3852—2008)　　mm

	长圆柱形轴孔(Y 型)	有沉孔的短圆柱形轴孔(J 型)	无沉孔的短圆柱形轴孔(J_1 型)	有沉孔的圆锥形轴孔(Z 型)	无沉孔的圆锥形轴孔(Z_1 型)
轴孔					

	平键单键槽(A 型)	120°布置平键双键槽(B 型)	180°布置平键双键槽(B_1 型)	平键单键槽(C 型)
键槽				

轴孔直径 d、d_2	长度			沉孔		A、B、B_1 型键槽						C 型键槽			
	L		L_1	d_1	R	b(P9)		t		t_1		b(P9)		t_2	
	Y 型	J、J_1、Z、Z_1 型				公称尺寸	极限偏差	公称尺寸	极限偏差	公称尺寸	极限偏差	公称尺寸	极限偏差	公称尺寸	极限偏差
16	42	30	42	38	1.5	5	−0.012 −0.042	18.3	+0.1 0	20.6	+0.2 0	3	−0.012 −0.042	8.7	±0.1
18						6		20.8		23.6		4		10.1	
19								21.8		24.6				10.6	
20	52	38	52					22.8		25.6				10.9	
22							−0.015 −0.051	24.8		27.6				11.9	
24						8		27.3	+0.2 0	30.6	+0.4 0	5		13.4	
25	62	44	62	48				28.3		31.6				13.7	
28								31.3		34.6				15.2	
30	82	60	82	55				33.3		36.6				15.8	
32					2	10		35.3		38.6		6		17.3	
35								38.3		41.6				18.3	
38				65				41.3		44.6				20.3	
40	112	84	112			12	−0.018 −0.061	43.3		46.6		10	−0.015 −0.051	21.2	±0.2
42								45.3		48.6				22.2	

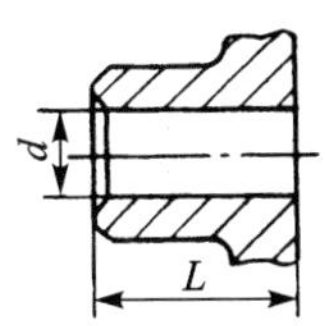

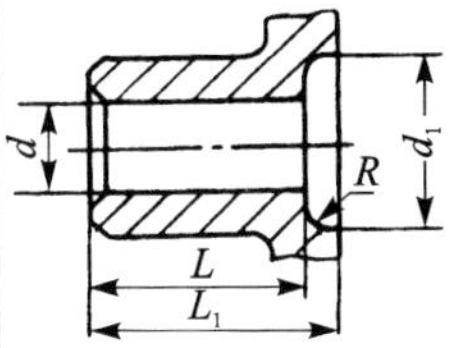

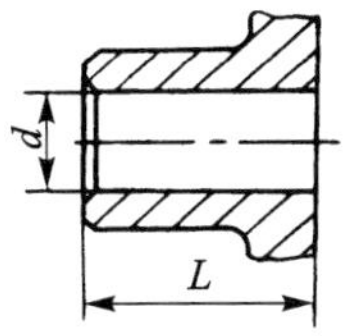

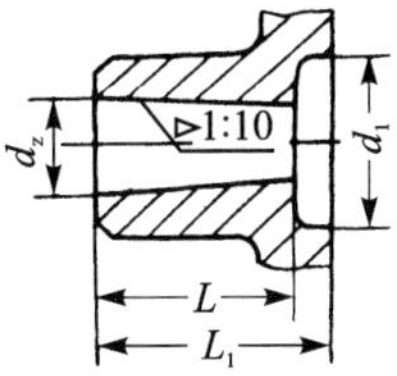

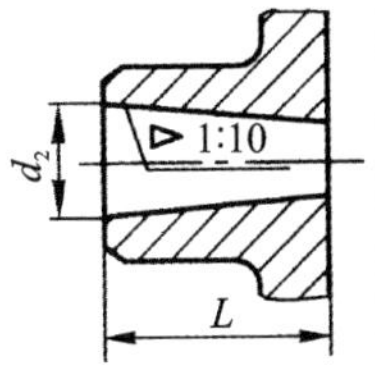

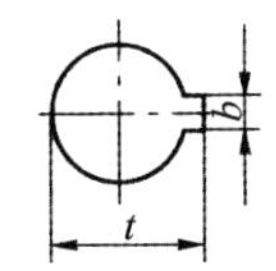

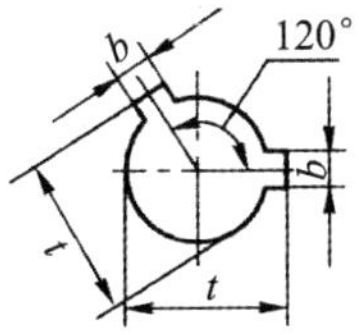

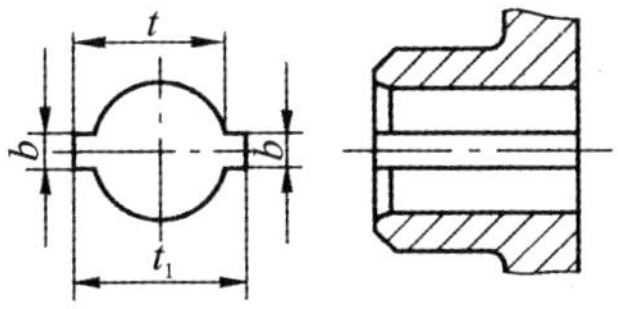

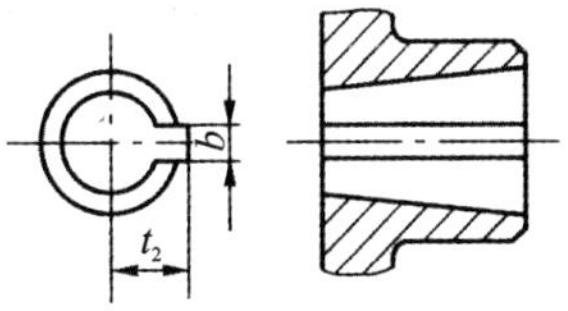

续表 10-88

轴孔直径 d、d_2	长度			沉孔		A、B、B_1 型键槽						C 型键槽			
	L		L_1	d_1	R	b(P9)		t		t_1		b(P9)		t_2	
	Y 型	J、J_1、Z、Z_1 型				公称尺寸	极限偏差	公称尺寸	极限偏差	公称尺寸	极限偏差	公称尺寸	极限偏差	公称尺寸	极限偏差
45	112	84	112	80	2	14	−0.018 −0.061	48.8	+0.2 0	52.6	+0.4 0	12	−0.018 −0.061	23.7	±0.2
48								51.8		55.6				25.2	
50				95				53.8		57.6				26.2	
55					2.5	16		59.3		63.6		14		29.2	
56								60.3		64.6				29.7	
60	142	107	142	105		18	−0.018 −0.061	64.4		68.8		16		31.7	
63								67.4		71.8				32.2	
65								69.4		73.8				34.2	
70				120		20	−0.022 −0.074	74.9		79.8		18		36.8	
71								75.9		80.8				37.3	
75								79.9		84.8				39.3	

注：1. 圆柱形轴孔与轴伸端的配合：当 d=10～30 mm 时为 H7/j6；当 d=30～50 mm 时为 H7/k6；当 d>50 mm 时为 H7/m6，根据使用要求也可选用 H7/r6 或 H7/n6 的配合。

2. 圆锥形轴孔 d_2 的极限偏差为 js10（圆锥角度及圆锥形式公差不得超过直径公差范围）。

3. 键槽宽度 b 的极限偏差也可采用 Js9 或 D10。

10.23 电动机

表 10-89 Y 系列三相异步电动机的型号及相关数据

电动机型号	额定功率/kW	满载转速/(r·min⁻¹)	启动转矩/额定转矩	最大转矩/额定转矩	电动机型号	额定功率/kW	满载转速/(r·min⁻¹)	启动转矩/额定转矩	最大转矩/额定转矩
同步转速 750 r/min					同步转速 1 000 r/min				
Y132S-8	2.2	710	2.0	2.0	Y90S-6	0.75	910	2.0	2.0
Y132M-8	3	710	2.0	2.0	Y90L-6	1.1	910	2.0	2.0
Y160M1-8	4	720	2.0	2.0	Y100L-6	1.5	940	2.0	2.0
Y160M2-8	5.5	720	2.0	2.0	Y112M-6	2.2	940	2.0	2.0
Y160L-8	7.5	720	2.0	2.0	Y132S-6	3	960	2.0	2.0
Y180L-8	11	730	1.7	2.0	Y132M1-6	4	960	2.0	2.0
Y200L-8	15	730	1.8	2.0	Y132M2-6	5.5	960	2.0	2.0
Y225S-8	18.5	730	1.7	2.0	Y160M-6	7.5	970	2.0	2.0
Y225M-8	22	730	1.8	2.0	Y160L-6	11	970	2.0	2.0
Y250M-8	30	730	1.8	2.0	Y180L-6	15	970	1.8	2.0
Y280S-8	37	740	1.8	2.0	Y200L1-6	18.5	970	1.8	2.0
Y280M-8	45	740	1.8	2.0	Y200L2-6	22	970	1.8	2.0

续表 10-89

电动机型号	额定功率/kW	满载转速/(r·min⁻¹)	启动转矩/额定转矩	最大转矩/额定转矩	电动机型号	额定功率/kW	满载转速/(r·min⁻¹)	启动转矩/额定转矩	最大转矩/额定转矩
Y225M-6	30	980	1.7	2.0	Y225M-4	45	1480	1.9	2.2
Y250M-6	37	980	1.8	2.0	Y250M-4	55	1480	2.0	2.2
Y280S-6	45	980	1.8	2.0	同步转速 3 000 r/min				
同步转速 1 500 r/min					Y801-2	0.75	2 825	2.2	2.2
Y801-4	0.55	1 390	2.2	2.2	Y802-2	1.1	2 825	2.2	2.2
Y802-4	0.75	1 390	2.2	2.2	Y90S-2	1.5	2 840	2.2	2.2
Y90S-4	1.1	1 400	2.2	2.2	Y90L-2	2.2	2 840	2.2	2.2
Y90L-4	1.5	1 400	2.2	2.2	Y100L-2	3	2 880	2.2	2.2
Y100L1-4	2.2	1 420	2.2	2.2	Y112M-2	4	2 890	2.2	2.2
Y100M-4	3	1 420	2.2	2.2	Y132S1-2	5.5	2 900	2.0	2.2
Y112M-4	4	1 440	2.2	2.2	Y132S2-2	7.5	2 900	2.2	2.2
Y132S-4	5.5	1 440	2.2	2.2	Y160M1-2	11	2 930	2.0	2.2
Y132M-4	7.5	1 440	2.2	2.2	Y160M2-2	15	2 930	2.0	2.2
Y160M-4	11	1 460	2.2	2.2	Y160L-2	18.5	2 930	2.0	2.2
Y160L-4	15	1 460	2.2	2.2	Y180M-2	22	2 940	2.0	2.2
Y180M-4	18.5	1 470	2.0	2.2	Y200L1-2	30	2 950	2.0	2.2
Y180L-4	22	1 470	2.0	2.2	Y200L2-2	37	2 950	2.0	2.2
Y200L-4	30	1 470	2.0	2.2	Y225M-2	45	2 970	2.0	2.2
Y225S-4	37	1 480	1.9	2.2					

注：Y 系列电动机的型号由四部分组成：第一部分汉语拼音字母“Y”表示异步电动机；第二部分数字表示机座中心高；第三部分英文字母表示机座长度（“S”为短机座，“M”为中机座，“L”为长机座），字母后的数字表示铁芯长度；第四部分横线后的数字表示电动机的极数。例如，电动机型号 Y132S2-2 表示异步电动机，机座中心高为 132 mm，短机座，极数为 2。

表 10-90　机座带底脚、端盖上无凸缘的电动机

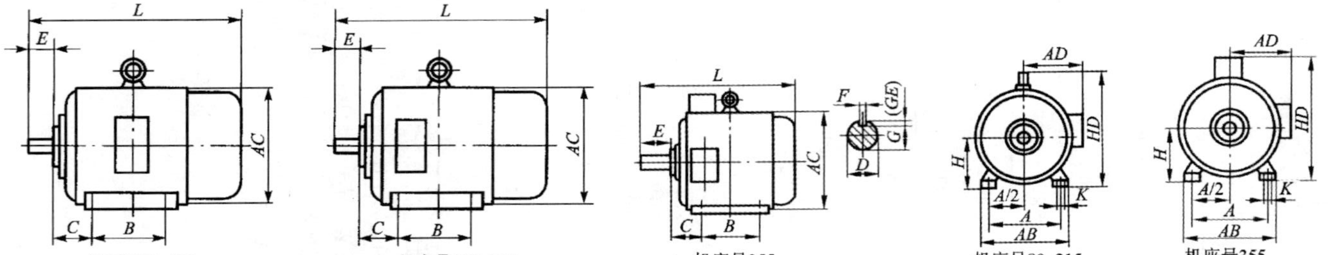

机座号	极数	安装尺寸及公差/mm																		外形尺寸/mm				
		A	A/2	B	C		D		E		F		G^1		H		K^2			AB	AC	AD	HD	L
		基本尺寸	基本尺寸	基本尺寸	基本尺寸	极限偏差	基本尺寸	极限偏差	基本尺寸	极限偏差	基本尺寸	极限偏差	基本尺寸	极限偏差	基本尺寸	极限偏差	基本尺寸	极限偏差	位置度公差					
80M	2.4	125	62.5	100	50	±1.5	19	+0.009 −0.004	40	±0.31	6	0 −0.030	15.5	0 −0.010	80	0 −0.5	10	+0.36 0	ϕ1.0③	165	175	150	175	290
90S	2.4.6	140	70	100	56		24		50		8	0 −0.036	20	0 −0.20	90					180	195	160	195	315
90L				125																				340
100L		160	80	140	63	±2.0	28		60	±0.37			24		100		12	+0.43 0		205	215	180	245	380
112M		190	95	140	70										112					245	240	190	265	400
132S	2.4.6.8	216	108	140	89		38	+0.018 +0.002	80		10		33		132					280	275	210	315	475
132M				178																				515
160M		254	127	210	108	±3.0	42		110	±0.43	12	0 −0.043	37		160		14.5		ϕ1.2③	330	335	265	385	605
160L				254																				650
180M		279	139.5	241	121		48				14		42.5		180					355	380	285	430	670
180L				279																				710
200L		318	159	305	133	±4.0	55				16		49		200		18.5	+0.52 0		395	420	315	475	775
225S	4.8	356	178	286	149		60	+0.030 +0.011	140	±0.50	18		53		225					435	475	345	530	820
225M	2			311			55		110	±0.43	16		49											815
	4.6.8						60						53											845

续表 10-90

机座号	极数	安装尺寸及公差/mm																		外形尺寸/mm				
		A	A/2	B	C		D		E		F		G^1		H		K^2			AB	AC	AD	HD	L
		基本尺寸	基本尺寸	基本尺寸	基本尺寸	极限偏差	基本尺寸	极限偏差	基本尺寸	极限偏差	基本尺寸	极限偏差	基本尺寸	极限偏差	基本尺寸	极限偏差	基本尺寸	极限偏差	位置度公差					
250M	2	406	203	349	168	±4.0	60	+0.030 +0.011	140	±0.50	18	0 −0.043	53	0 −0.20	250	0 −0.5	24	+0.52 0	$\phi2.0^{⊗}$	490	515	385	575	930
	4.6.8			368			65						58											
280S	2	457	228.5	419	190										280	0 −1.0				550	580	410	640	1000
	4.6.8			406			75				20	0 −0.052	67.5											
280M	2						65				18	0 −0.043	58											1050
	4.6.8						75				20	0 −0.052	67.5											
315S	2	508	254	457	216		65				18	0 −0.043	58		315		28			635	645	576	865	1240
	4.6.8.10						80		170		22	0 −0.052	71											1270
315M	2			508			65		140		18	0 0.043	58											1310
	4.6.8.10						80		170		22	0 −0.052	71											1340
315L	2						65		140		18	0 0.043	58											1310
	4.6.8.10						80		170		22	0 −0.052	71											1340
335M	2	610	305	560	254		75		140		20		67.5		355					740	750	680	1035	1540
	4,6,8,10						95	+0.035 +0.013	170	±0.57	25		86											1570
355L	2			630			75	+0.030 +0.011	140	±0.50	20		67.5											1540
	4,6,8,10						95	+0.035 +0.013	170	±0.57	25		86											1570

注：1. $G=D-GE$，GE 的极限偏差对机座号 80 为 $^{+0.10}_{0}$，其余为 $^{+0.20}_{0}$。

2. K 孔的位置度公差以轴伸的轴线为基准。

表 10－91　机座不带底脚、端盖上有凸缘(带通孔)的电动机

机座号180~200　机座号180~200　机座号180~200　机座号225

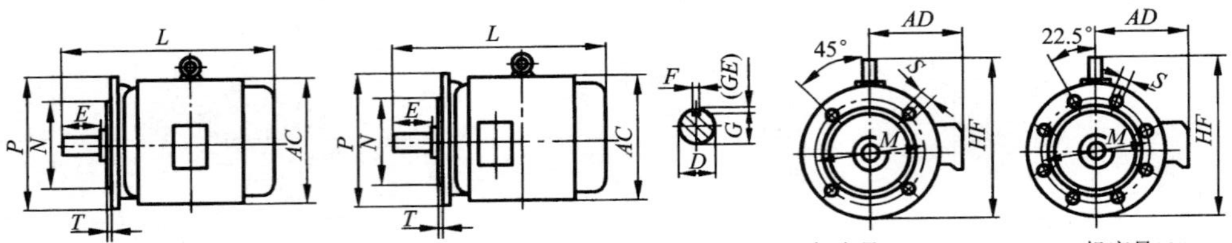

机座号	凸缘号	极数	D 基本尺寸	D 极限偏差	E 基本尺寸	E 极限偏差	F 基本尺寸	F 极限偏差	G^1 基本尺寸	G^1 极限偏差	M	N 基本尺寸	N 极限偏差	P^2	R^3 基本尺寸	R^3 极限偏差	S^4 基本尺寸	S^4 极限偏差	S^4 位置度公差	T 基本尺寸	T 极限偏差	凸缘孔数	AC	AD	HF	L
80M	FF165	2.4	19	+0.009 −0.004	40	±0.31	6	0 −0.030	15.5	0 −0.10	165	130	+0.014 +0.011	200	0	±1.5	12	+0.043 0	ϕ1.0Ⓜ	3.5	0 −0.12	4	175	150	185	290
90S		2.4.6	24		50		8	0 −0.036	20	0 −0.20													195	160	195	315
90L																										340
100L	FF215		28		60	±0.37			24		215	180		250		±2.0	14.5		ϕ1.2Ⓜ	4			215	180	245	380
112M																							240	190	266	400
132S	FF265	2.4.6.8.	38	+0.018 +0.002	80		10		33		265	230	+0.016 +0.013	300									275	210	315	475
132M																										515
160M	FF300		42		110	±0.43	12	0 −0.043	37		300	250		350		±3.0		+0.052 0		5			335	265	385	605
160L																										650
180M			48				14		42.5														380	285	430	670
180L																										710
200L	FF350		55	+0.030 +0.011			16		49		350	300	±0.016	400									420	315	480	775
225S	FF400	4.8	6		140	±0.50	18		53		40	350	±0.018	450		±4.0						8	475	345	535	820
225M		2	55		110	±0.43	16		49																	815
		4.6.8	60		140	±0.50	18		53																	845

注：1. $G=D-GE$，GE 极限偏差对机座号 80 为 $^{+0.10}_{0}$，其余为 $^{+0.20}_{0}$。
2. P 尺寸为最大极限值。
3. R 为凸缘配合面至轴伸肩的距离。
4. S 孔的位置度公差以轴伸的轴线为基准。

10.24 减速器附件

表 10-92 凸缘式轴承盖 mm

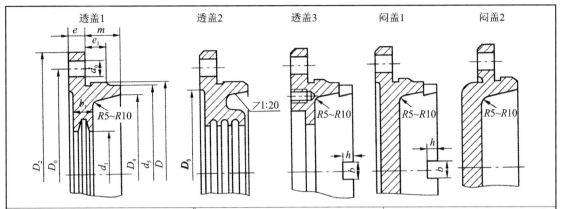

$d_0 = d_3+1; D_0 = D+2.5d_3;$ $D_2 = D_0+2.5d_3; e = (1\sim1.2)d_3;$ $e_1 \geqslant e$ d_3 为轴承盖连接螺钉直径, 尺寸见右表。当端盖与套杯相配时, 图中 D_0 与 D_2 应与套杯相一致	$d_5 = D-(2\sim4); D_5 = D_0-3d_3;$ $b = 5\sim10; h = (0.8\sim1)b;$ $D_4 = D-(10\sim15)$ m 由结构确定 $b_1、d_1$ 由密封尺寸确定 凸缘式轴承盖材料: HT150	轴承盖连接螺钉直径 d_3			
		轴承外径 D	螺钉直径 d_3	螺钉数
		45~65	M6~M8	4
		70~100	M8~M10	4~6
		110~140	M10~M12	6
		150~230	M12~M16	6

表 10-93 嵌入式轴承盖 mm

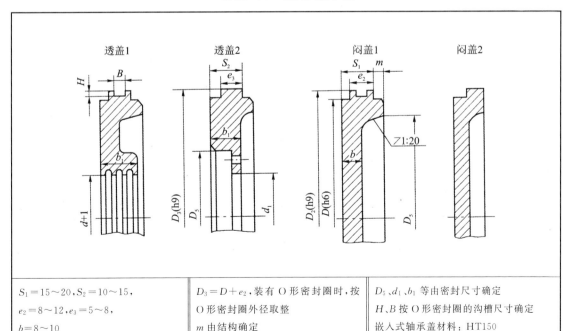

$S_1 = 15\sim20, S_2 = 10\sim15,$ $e_2 = 8\sim12, e_3 = 5\sim8,$ $b = 8\sim10$	$D_3 = D+e_2$, 装有 O 形密封圈时,按 O 形密封圈外径取整 m 由结构确定	$D_5、d_1、b_1$ 等由密封尺寸确定 $H、B$ 按 O 形密封圈的沟槽尺寸确定 嵌入式轴承盖材料: HT150

表 10-94 窥视孔及板结构视孔盖尺寸　　　　　　　　　　　　　　　　mm

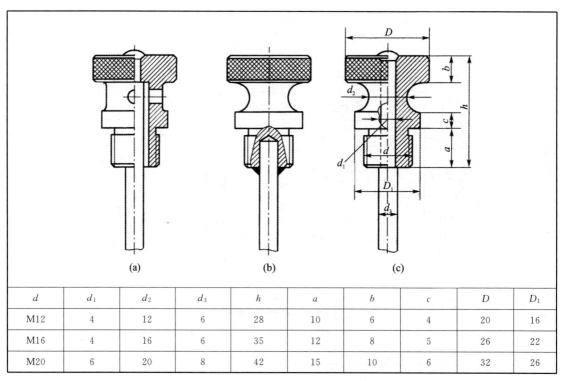

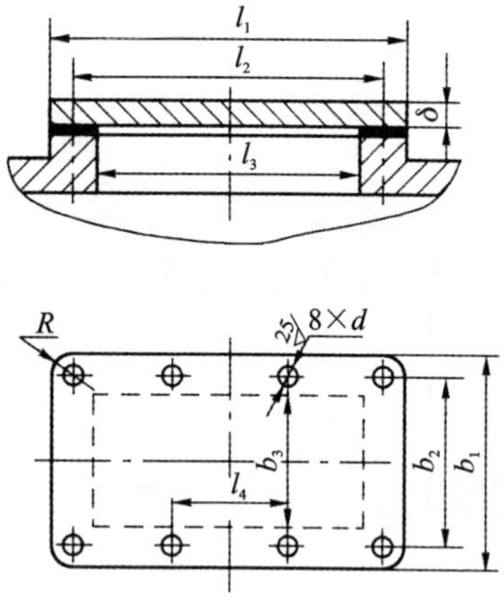

l_1	l_2	l_3	l_4	b_1	b_2	b_3	d 直径	d 孔数	δ	R	可用的减速器中心距
90	75	60	—	70	55	40	7	4	4	5	单级 $a \leqslant 150$
120	105	90	—	90	75	60	7	4	4	5	单级 $a \leqslant 250$
180	165	150	—	140	125	110	7	8	4	5	单级 $a \leqslant 350$
200	180	160	—	180	160	140	11	8	4	10	单级 $a \leqslant 450$
220	200	180	—	200	180	160	11	8	4	10	单级 $a \leqslant 500$
270	240	210	—	220	190	160	11	8	6	15	单级 $a \leqslant 700$
140	125	110	—	120	105	90	7	8	4	5	两级 $a_\Sigma \leqslant 250$，三级 $a_\Sigma \leqslant 350$
180	165	150	—	140	125	110	7	8	4	5	两级 $a_\Sigma \leqslant 425$，三级 $a_\Sigma \leqslant 500$
220	190	160	—	160	130	100	11	8	4	15	两级 $a_\Sigma \leqslant 500$，三级 $a_\Sigma \leqslant 650$
270	240	210	—	180	150	120	11	8	6	15	两级 $a_\Sigma \leqslant 650$，三级 $a_\Sigma \leqslant 825$
350	320	290	—	220	190	160	11	8	10	15	两级 $a_\Sigma \leqslant 850$，三级 $a_\Sigma \leqslant 1\,000$
420	390	350	130	260	230	200	13	10	10	15	两级 $a_\Sigma \leqslant 1\,000$，三级 $a_\Sigma \leqslant 1\,250$
500	460	420	150	300	260	220	13	10	10	20	两级 $a_\Sigma \leqslant 1\,150$，三级 $a_\Sigma \leqslant 1\,650$

注：视孔盖材料为 Q235A。

表 10-95 油　尺　　　　　　　　　　　　　　　　mm

d	d_1	d_2	d_3	h	a	b	c	D	D_1
M12	4	12	6	28	10	6	4	20	16
M16	4	16	6	35	12	8	5	26	22
M20	6	20	8	42	15	10	6	32	26

表 10－96　压配式圆形油标(摘自 JB/T 7941.1—1995)

mm

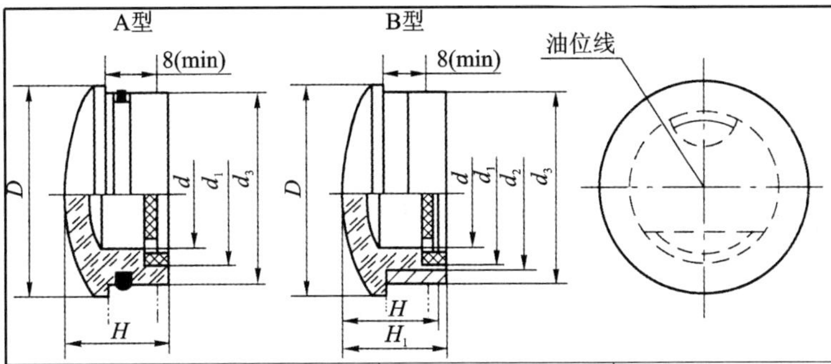

标记示例：
油标 A32 JB/T 7941.1—1995：视孔直径 d＝32 mm，A 型压配式圆形油标

d	D	d_1		d_2		d_3		H	H_1	O 形橡胶密封圈(按 GB/T 3452.1—1992)
		基本尺寸	极限偏差	基本尺寸	极限偏差	基本尺寸	极限偏差			
12	22	12	−0.050 −0.160	17	−0.050 −0.160	20	−0.065 −0.195	14	16	15×2.65
16	27	18		22	−0.065 −0.195	25				20×2.65
20	34	22	−0.065 −0.195	28		32	−0.080 −0.240	16	18	25×3.55
25	40	28		34	−0.080 −0.240	38				31.5×3.55
32	48	35	−0.080 −0.240	41		45		18	20	38.7×3.55
40	58	45		51	−0.100 0.290	55	−0.100 −0.290			48.7×3.55
50	70	55	−0.100 −0.290	61		65		22	24	—
63	85	70		76		80				

表 10－97　通气螺塞

mm

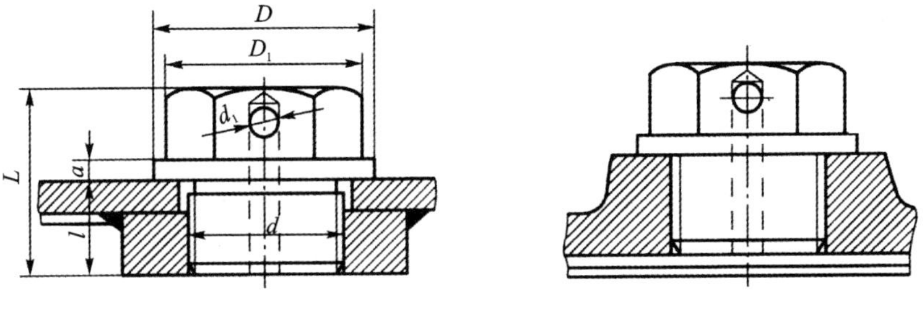

d	D	D_1	S	L	l	a	d_1
M12×1.25	18	16.5	14	20	10	2	4
M16×1.5	22	19.6	17	23	12	2	5
M20×1.5	30	25.4	22	28	15	4	6
M22×1.5	32	25.4	22	29	15	4	7
M27×1.5	38	31.2	27	34	18	4	8

注：S 参见表 10－99 图。

表 10-98 通气罩   mm

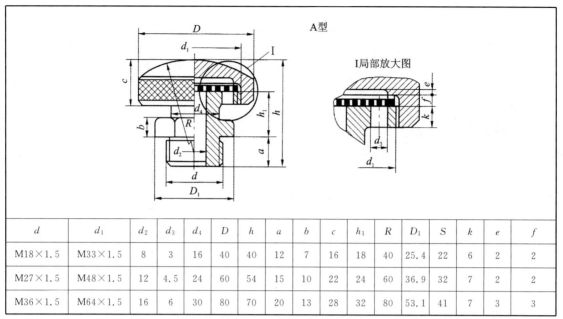

d	d_1	d_2	d_3	d_4	D	h	a	b	c	h_1	R	D_1	S	k	e	f
M18×1.5	M33×1.5	8	3	16	40	40	12	7	16	18	40	25.4	22	6	2	2
M27×1.5	M48×1.5	12	4.5	24	60	54	15	10	22	24	60	36.9	32	7	2	2
M36×1.5	M64×1.5	16	6	30	80	70	20	13	28	32	80	53.1	41	7	3	3

注：S 参见表 10-99 图。

表 10-99 放油螺塞   mm

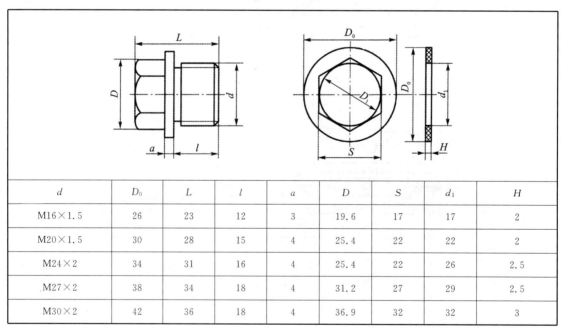

d	D_0	L	l	a	D	S	d_1	H
M16×1.5	26	23	12	3	19.6	17	17	2
M20×1.5	30	28	15	4	25.4	22	22	2
M24×2	34	31	16	4	25.4	22	26	2.5
M27×2	38	34	18	4	31.2	27	29	2.5
M30×2	42	36	18	4	36.9	32	32	3

表 10-100 减速器重量与吊环螺钉　　　mm

减速器重量 W(kN)(供参考)									
一级圆柱齿轮减速器					二级圆柱齿轮减速器				
a	100	160	2002	50	315	a	100×140	140×200	180×250	200×280
W	0.26	1.05	2.1	4	8	W	1	2.5	4.8	6.8

吊环螺钉							
$d(D)$	M8	M10	M12	M16	M20	M24	M30
l	16	20	22	28	35	40	45
D_{2min}	13	15	17	22	28	32	38
h_{2min}	2.5	3	3.5	4.5	5	7	8

最大起吊重量/kN								
单螺钉起吊	1.6	2.5	4	6.3	10	16	25
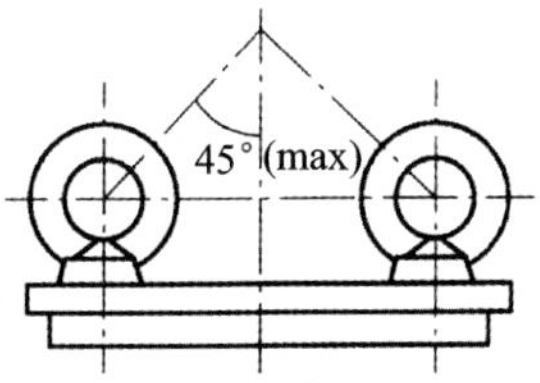 双螺钉起吊（45°(max)）	0.8	1.25	2	3.2	5	8	12.5

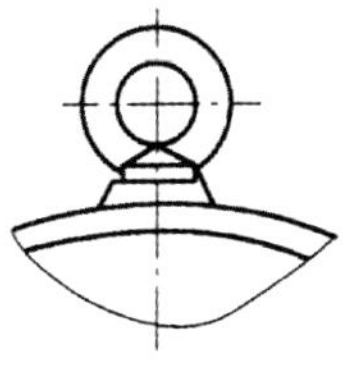

第 11 章　减速器拆装及结构分析实验

11.1　减速器拆装及结构分析实验指导

1. 实验目的

① 通过对减速器的拆装与观察,熟悉减速器的基本结构,了解各部分零件的作用。
② 了解减速器的装配关系及安装、调整方法。了解减速器的润滑、密封。
③ 掌握减速器基本参数的测定方法。
④ 加深对减速器零部件结构设计的感性认识,为机械零部件设计打下基础。

2. 实验内容

① 按程序拆装一种减速器,分析减速器的结构及各零件的功用。
② 测量并计算所拆减速器的主要参数,绘制其传动示意图。
③ 测量减速器传动副的接触精度和齿侧间隙;测量轴承的轴向间隙。
④ 分析轴系部件的结构、周向和轴向定位、固定及调整方法。
⑤ 分析减速器的润滑、密封。

3. 实验设备和用具

(1) 实验设备

单级圆柱齿轮减速器,两级圆柱齿轮减速器,锥齿轮减速器,蜗杆减速器。建议以圆柱齿轮减速器为主。

(2) 实验用具

扳手、轴承拆卸器、手锤、铜棒、百分表、磁性表座、游标卡尺、钢尺、卡钳、红铅油、铅丝等。

4. 实验步骤

(1) 观察减速器的外部结构,判断传动方式、级数、输入/输出轴及安装方式。

(2) 观察减速器的外部箱体附件,了解各附件的功能、结构特点和位置,测出外廓尺寸、中心距及中心高等。

(3) 测量轴承的轴向间隙。固定好百分表,用手推动轴至一端,然后再推动至另一端,百分表所指示的量即为轴承轴向间隙的大小。

(4) 拧下箱盖和箱座连接螺栓,拧下端盖螺钉(嵌入式端盖除外),拔出定位销,借助起盖螺钉打开箱盖。

(5) 边拆卸边仔细观察分析:
① 箱体的结构形状;
② 轴的轴向定位及固定;
③ 轴系零部件的轴向和周向定位及固定方法;
④ 传动零件所受的轴向力和径向力向箱体传递的路线;
⑤ 确定轴承型号及安装方式,分析轴承内圈与轴的配合及轴承外圈与机座的配合情况,

调整轴承间隙的结构形式；

⑥ 润滑与密封的结构形式；

⑦ 箱体附件（如通气器、油标、油塞、起盖螺钉、定位销等）的结构特点、位置和作用；

⑧ 零件的材料等。

(6) 测定减速器的主要参数，数出齿轮齿数并计算传动比、确定模数等。根据所拆减速器的种类，绘制机构传动示意图。

(7) 将所拆减速器的每个零件清理干净，再将装好的轴系部件装到机座原位置上。

(8) 齿侧间隙 j_n 的测量：将直径稍大于齿侧间隙的铅丝（或铅片）插入相互啮合的轮齿之间，转动齿轮，辗压轮齿之间的铅丝，齿侧间隙等于铅丝变形部分最薄的厚度。用千分尺或游标卡尺可测出其厚度大小。

(9) 齿轮接触精度的测量：接触精度通常用接触斑点大小与齿面大小的百分比来表示。在主动齿轮的 2～4 个轮齿上均匀地涂上薄薄一层红铅油，用手转动主动齿轮，则从动齿轮齿面上将印出接触斑点。观察接触斑点的大小与位置，画出示意图，并分别求出齿高及齿长方向接触斑点的百分数。齿长方向接触斑点的百分数为

$$(b'' - c)/b' \times 100\%$$

其中，b'' 为沿齿长方向接触痕迹的长度；c 为超过模数值的断开部分长度；b' 为工作长度。

齿高方向接触斑点的百分数为

$$h''/h' \times 100\%$$

其中，h'' 为沿齿高方向接触痕迹的平均高度；h' 为工作高度。接触斑点的测定可参考有关文献。

(10) 拆、量、观察分析过程结束后，按拆卸的反顺序将减速器装配复原。

5. 注意事项

① 减速器拆装过程中，若需搬动，必须按规则用箱座上的吊钩缓吊轻放，并注意人身安全。

② 拆卸箱盖时应先拆开连接螺钉与定位销，再用起盖螺钉将盖、座分离，然后利用盖上的吊耳或环首螺钉起吊。拆开的箱盖与箱座应注意保护其结合面，防止碰坏或擦伤。

③ 拆装轴承时须用专用工具，不得用锤子乱敲。无论是拆卸还是装配，均不得将力施加于外圈上并通过滚动体带动内圈，否则将损坏轴承滚道。

6. 思考题

① 箱体结合面用什么方法密封？

② 减速器箱体上有哪些附件？各起什么作用？分别安排在什么位置？

③ 扳手空间位置如何设置？

④ 测得的轴承轴向间隙如不符合要求，应如何调整？

11.2 减速器拆装及结构分析实验报告

实验名称					日　期	
专业班级		姓　名		学　号	成　绩	

1. 减速器的传动示意图

2. 所拆装减速器的传动参数

减速器的类型及名称			
名　称	符　号	高速级	低速级
中心距	a		
模数	m		
压力角	α		
螺旋角	β		
齿轮齿数	z_1		
	z_2		
分度圆直径	d_1		
	d_2		
变位系数	x_1		
	x_2		
齿宽	b_1		
	b_2		
节锥距	R		
节锥角	δ_1		
	δ_2		
传动比	i		
总传动比	$i_总$		

3. 轴承型号及润滑方式

轴承型号	高速轴	中间轴	低速轴
润滑方式	齿轮		
	轴承		

4. 减速器装配要求的测定

减速器名称			设备编号	
项 目			测量值/mm	
齿侧间隙大小	高速级 j_n			
	低速级 j_n			
接触斑点	_____速级齿轮(接触斑点分布及尺寸图)			
	$b''=$			
	$b'=$			
	$c=$			
	$h''=$			
	$h'=$			
	$(b''-c)/b' \times 100\% =$			
	$h''/h' \times 100\% =$			
	估计齿轮的接触精度:			
轴承轴向间隙	轴 号		测量值/mm	
	高速轴			
	中间轴			
	低速轴			

参考文献

[1] 吴宗泽,罗圣国,高志,等.机械设计课程设计手册[M].4版.北京:高等教育出版社,2012.
[2] 宋宝玉.机械设计课程设计指导书[M].北京:高等教育出版社,2006.
[3] 陈铁鸣.新编机械设计课程设计图册[M].2版.北京:高等教育出版社,2009.
[4] 宋宝玉.简明机械设计课程设计图册[M].北京:高等教育出版社,2012.
[5] 王之栋,王大康.机械设计综合课程设计[M].北京:机械工业出版社,2003.
[6] 傅燕鸣.机械设计课程设计手册[M].上海:上海科学技术出版社,2013.
[7] 唐增宝,常建娥.机械设计课程设计[M].3版.武汉:华中科技大学出版社,2006.
[8] 万苏文.机械设计基础课程设计与实验指导书[M].重庆:重庆大学出版社,2009.
[9] 向敬忠,宋欣,崔思海.机械设计课程设计图册[M].北京:化学工业出版社,2009.
[10] 陈立德.机械设计基础课程设计指导书[M].3版.北京:高等教育出版社,2007.
[11] 张锦明.机械设计基础课程设计[M].南京:东南大学出版社,2013.
[12] 罗玉福,王少岩.机械设计基础实训指导[M].5版.大连:大连理工大学出版社,2014.
[13] 闻邦椿.机械设计手册[M].5版.北京:机械工业出版社,2010.
[14] 朱龙根.简明机械零件设计手册[M].2版.北京:机械工业出版社,2005.
[15] 吴宗泽.机械设计实用手册[M].3版.北京:化学工业出版社,2010.
[16] 机械设计手册编委会.机械设计手册[M].北京:机械工业出版社,2007.